ジャケット：リングヂャケット／シャツ：インディビジュアライズドシャツ／ジーパン：710／シューズ：ジェイエムウェストン

ジャケット：アルブル（オーダー）／セーター：アンダーソンズ／ジーパン：710／シューズ：パラブーツ

コート：ミダ／セーター：アンダーソンズ／ジーパン：711／シューズ：パラブーツ／マフラー：ジョンスメドレー

ジャケット：ヴァンソン／シャツ：インディビジュアライズドシャツ／ジーパン：710／シューズ：ジェイエムウェストン／マフラー：マルセルラサンス

コート：デサント／セーター：ジョンスメドレー／
ジーパン：710／シューズ：ジェイエムウェストン
／キャップ：ニューエラ

Tシャツ：パタゴニア／カーディガン：ジョンスメドレー／ジーパン：711／シューズ：ビルケンシュトック

ポロシャツ：ラコステ／ジーパン：711／シューズ：ケッズ

シャツ：インディビジュアライズドシャツ／セーター：ジョンスメドレー／ジーパン：710／シューズ：パラブーツ

日本のジーパン

林芳亨

光文社新書

はじめに

みなさん、ジーパン穿《は》きますか？

普段の仕事ではスーツを着る人が多いと思います。もちろん、ジーパンで仕事することが許される職種もありますが、やはり少数派でしょう。

では休日はどうでしょうか。

「もっぱらジーンズです」という声も聞こえてきそうですが、「学生時代はジーパンを穿いていたけれど、今は穿かない」。そんな人が多いのではないでしょうか。

私は２０１０年５月に、「リゾルト」というジーパンのブランドを立ち上げました。

リゾルトとは、「毅《き》然《ぜん》とした」という意味。なぜそのような名前になったのかは、改めてお話しします。

ジーパンのブランドというと、「リーバイス」とか「エドウイン」などを想像する方も多いかもしれませんが、日本にはこのリゾルトのようなジーパン専業のブランドがたくさん存在します。私はリゾルトを立ち上げる前には、「ドゥニーム」というブランドでジーパンを作っていました。

ドゥニーム設立は１９８０年代後半のこと。日本のジーパン専業ブランドの中でも、かなり早い段階で誕生したことになります。そのドゥニームというブランドは訳あって私の手を離れてしまったのですが、かれこれ40年近くジーパンのことを一所懸命に考えて生きてきました。

私が「ジーンズ」でもなく「デニム・パンツ」でもなく、この本のタイトルにあるように「ジーパン」と呼んでいるパンツは、百年以上前にサンフランシスコで生まれたリーバイス５０１がオリジナルとなる「インディゴで染められたデニム織りのパンツ」のことです。次のページに掲載した、私が作っているリゾルトのジーパンの写真をご覧ください。

リゾルト７１０のフロント（前）

簡単に説明すると、前を留める金属ボタンに、両サイドはL字形に切られた二つのポケット（右ポケットにはコイン・ポケットがつく）がある。後ろは、五角形ホームベース形の貼りポケットが二つ。現在のジーパンには、前のポケットを金属で補強する「リベット」がつきます。私はリーバイス５０１でも、とくに１９５０年代後半から１９６０年代製のものが一番ジーパンらしいと思っており、リゾルトではその当時のジーパンのシルエットや色味、色落ち（ジーパンの色の落ち方）を再現しようとしています。

ジーンズには、昨今人気の「スキニージーンズ」と呼ばれるストレッチ素材が入ったピタピタ（かなり細身）のものや、１９７０年代のヒッピー文化のベルボトム、アメリカのファッションデザイナー、カルバン・クラインらが提案し一世を風靡《ふうび》したディナージーンズ（あらたまった場所にも穿いていけるジーンズ）、イタリアのデザイナーズジーンズなど、時代やトレンドによる変遷があります。そのどれもが、基本的に前後に合計五つのポケットのあるつくりです。

けれども、これから私が本書で扱う「ジーパン」は、先ほど挙げた時代やトレンドによって変わるファッションアイテムとは異なるものです。

リゾルト７１０のバック（後ろ）

後ほど詳しくお話ししますが、私はいわゆるファッションデザイナーではありません。普通に大学を卒業し、サラリーマンとしてアパレルメーカーに入社し、しばらくは営業マンとして全国を飛び回っていました。つまり、そもそも服飾について専門的に学んだことがない人間です。

今、ジーパンを穿いている人は本当に少なくなってしまった、と痛感することがあります。ユニクロなどのファストファッションのジーンズもコストパフォーマンスの面ではとても合理的です。そのようなジーンズで十分こと足りる人が多いことも知っています。さまざまな装飾やダメージ加工を施したグッチやドルチェ＆ガッバーナなど一流ブランドのジーンズも、毎シーズン新作がウインドウを飾り、人気を集めています。

一方で、「自分自身が納得できるこのジーパンしか穿きたくない」という強いこだわりを持っている人もいる。リゾルトをはじめとする日本の専業ブランドのジーパンを愛してくれているのは、そういった人たちです。

かつてジーパンはアメリカのワークウェア、いわゆる作業着でした。つまり当時の言葉でいえばブルーカラー、大衆のための服だった。でもそれが世界中に広がり、ファッションアイテムになっていった。欧米のさまざまなファッションのトレンドを飲み込みながら、一方では高度経済成長期に大量生産される工業製品という側面もある。

　だからジーパンはおもしろいんです。

　そのジーパンの歴史についても、本書では触れていきます。ジーパン史、特に日本におけるジーパンの歴史を繙《ひもと》いてみると、欧米諸国とはまったく異なる潮流が生まれたことがわかります。

　とくに１９９０年代には40〜50年代の古いリーバイス（５０１ＸＸという品番）を再現しようとした「レプリカブーム」が巻き起こり、独自の発展を遂げていきました。日本人ならではの技術と、ある種のオタクっぽさがないまぜになって生まれた新しいメイド・イン・ジャパンのジーパンは今や欧米でも高い評価を得ています。

　本書では、私のジーパンブランド「リゾルト」を軸に、そもそもジーパンがどのようにして人口に膾炙《かいしゃ》していったのか、その歴史的背景を詳《つまび》らかにしていきます。そして、ジーパンがどのようにして作られているのかも詳しく説明していきます。

私は大阪の人間です。

リゾルトも東京に拠点を置いてはいますが、私はずっと大阪に居を構えてジーパンを作ってきました。

不思議なもので、リゾルトに限らず、エヴィスジーンズやウエアハウス、フルカウントといった日本を代表するジーパン専業ブランドはほぼ大阪発祥なのです。

先ほどわたしは「メイド・イン・ジャパン」と書いたものの、正確にいえば欧米でも評価の高い日本のジーパンは「メイド・イン・オオサカ」なのかもしれません。

なぜ東京ではないのか。

なぜ大阪や関西からジーパンが生まれたのか。

歴史的背景だけではなく、地理的・文化的背景についてもじっくり考えてみたいと思います。

といっても、たかがジーパンの話。

みなさん、リラックスして読んでみてください。

日本のジーパン

目次

第 1 章

私が作る「日本のジーパン」

１　私が４型のジーパンしか作らない理由

異色のブランドと呼ばれて

いきなりですが、みなさんにとって、「ジーパン」と聞いて連想することは何でしょうか？

カジュアル・ファッション。

ユニクロで買うもの。

リーバイスの５０１。

昔、穿いていたもの。

いろんなイメージがあると思います。

私は今から十年以上前に、ジーパンだけを作るブランドを立ち上げました。先に書いたように「リゾルト」という名前で、２０１０年５月にスタートしました。

ブランド、といっても作っているのはたった４型のジーパンだけ。

それ以外は作りません。日本のアパレル業界（衣服の製造業・流通業）は、多品種、大量生産、大量販売が基本だといわれていますから、かなり異色のブランドなのかもしれません。

またリゾルトは、直営店もありません。もちろんリゾルトだけを扱う店員さんもいません。それどころか、ネットショップさえ持っていません。私たちはたった４人のスタッフで、たった４型だけのジーパンを作ってリリースしている。

リゾルトは、そういうブランドです。

たった４型のジーパンを作るだけでビジネスになるのか。

常に新しい流行を追って、新しいアイテムをお店に並べるのがファッションのビジネスではないのか。

リゾルトのやり方はかなり異色なので、アパレル業界の慣習を知っている人ほど、そのような疑問を持たれるかもしれません。

もっともだとも思います。

でも、そもそもジーパンはきわめてシンプルなファッションアイテムです。私はリゾルトのラインナップのすべてである４型のモデルだけでビジネスは成立すると確信を持っていますし、流行を追った新しいアイテムを毎シーズン量産することには興味がなくなってしまったから、このリゾルトを立ち上げたのです。

ジーパンを穿くとはどういうことか

まず、１本のジーパンを穿くとはどういうことか、みなさんと一緒に考えてみたいと思います。

いまお店にはいろんなジーパンが並んでいます。色が濃いものもあれば、淡いものもある。太いものも細いものもある。生地も伸縮性のあるストレッチ素材から、色落ち加工やダメージ加工したものまでさまざまです。

でも、基本はインディゴブルー（デニムの染料）で染められた、色が濃い綿１００％

の体に合ったジーパンです。それを穿いては洗い、穿いては洗いを繰り返し、体に馴染ませていく。

ジーパンが「体に馴染む」とはどういうことか、ご説明しましょう。

専門用語では「シュリンク・トゥ・フィット」(Shrink-to-Fit) なんて言います。

買ったばかりのジーパンは洗濯することで縮みます(シュリンク)。

その縮んだジーパンを穿くと、最初はちょっとキツいけど、だんだん自分の脚やお尻や腰に馴染んでいく(フィットする)感覚がわかる人もいらっしゃるかと思います。

そのように馴染んでいく過程、フィットしていく過程を繰り返すことで、自分の膝の位置が決まってくる。太ももや膝裏のシワの位置も少しずつ決まってくる。さらにいえば、座っている時、左右どちらの脚を上にするか、それによってもジーパンの馴染み方は変わってきます。歩き方の癖によっても変わる。

最初濃かったジーパンの色は、生地がだんだんすり減ってきたり、繰り返し洗うことによって色が落ちて、淡くなるのですが、穿いている人の体型や馴染み方によって、その淡くなる場所や淡くなるスピードまでもが変わってきます。

たとえば、洋服屋の店員さんは、接客時にズボンの丈を合わせるために片膝をつくことが多いですよね。そうするとその片膝から色が落ち始める。

仕事が休みの日曜日に、１日８時間だけジーパンを穿くだけでも十分。日曜日が１年間に50日あるとして、４００時間を１本のジーパンに費やすことになります。

そうすることで、早ければ１年～１年半ほどで、世界に一つだけのあなただけのジーパンになる。次ページに写真を掲載しますが、外側にある縫い目の色落ちをあらわす「ミミのアタリ」や、太もも上部のシワをあらわす「ヒゲ」、裾のステッチ部分などの縮みによる色落ちをあらわす「パッカリング（擦《す》れ落ち）」や、デニム生地自体の雨ダレの点のような色落ちをあらわす「タテ落ち」も、その人独自のものになるんです。

そのように体に馴染んだジーパンは格別です。

洗濯したものを穿いてみると、毎回感じることがあります。最初はやっぱり少し縮んでキツめではあるものの、窮屈な感じはまったくしません。ジーパンはコットン（綿）で作られているので、ものの30分もすれば、体に合わせてごくわずかにのびる。自分の体に合わせてのびるから、まさに体にフィットする感覚を誰もが得られます。

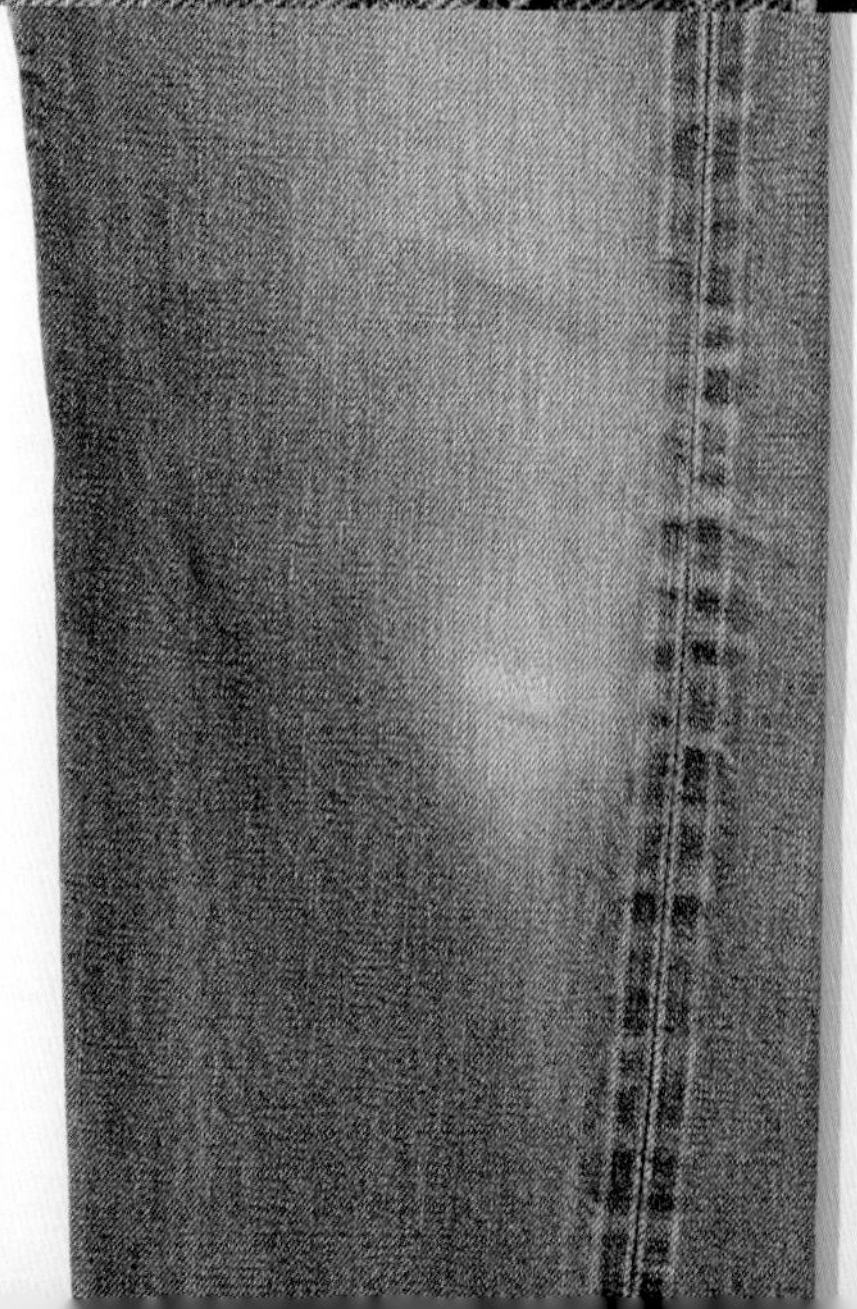

右上：ミミのアタリ
右下：ヒゲ
左上：パッカリング
左下：タテ落ち

穿いてみると、やっぱりこれだな、と思う。

このジーパンが一番しっくりくるな、という感覚。

そう思えるようになった頃、1年前には濃い色だったジーパンが、いつのまにか淡いきれいなブルーに近づいていることに気づく。

それを見ると、そろそろもう一度新しいジーパンがほしくなる。

濃いインディゴブルーのジーパンが懐かしくなる。同じように自分の体に馴染む1本を、もう一度育てたくなる。

そのように「ほしい」と思ってくれたお客さんが、もう一度同じデザインの、同じサイズのジーパンを買えるようにしたい。

私のブランド、リゾルトがたった4型のジーパンしか作らないのは、下手に手を広げることなく、ベーシック（基本的）なジーパンをずっと作り続けて、お客さんに同じジーパンを穿き続けてほしいからなのです。

リゾルトはこんなジーパン

リゾルトの４型のジーパンはそれぞれ、７１０、７１１、７１２、７１３という品番がついています。この品番は、リーバイスでいう５０１、５０５に相当する番号です。その中でも、最も多くの方に愛されているモデルが、７１０という品番です。４型の生産本数の８割を占めるメイン商品ともいえます。定価はウエスト26インチ〜34インチが２万４２００円。ウエスト36、38、40インチが２万５３００円です。

私がこの７１０を穿いた写真とともに、その特徴をご説明します。

この７１０、写真だとすごく細身に見えるかもしれません。実際、スーツのズボンと比べるとかなり細いと思います。

初めて体に合ったサイズの７１０を穿いた方は、おそらく「ちょっとキツいな」と感じられる方が多い。

後で詳しく述べますが、私は「売り子」として全国のショップを回って、直接お客さんにサイズを指南することがあります。その時も「こんなピッタリのサイズを穿くんですね」と驚かれることがよくあります。

もちろん、穿き続けて体に馴染んでくるとまったく窮屈さはないのですが、普段、たとえば量販店のスーツのように少し余裕のあるシルエット（形）のズボンを穿いている人にとっては、細く感じる形になっています。

なぜかというと、私はこの７１０をボタンダウンのシャツやジャケットを着て、革靴と合わせて穿くことをイメージしてデザインしたからです。

ジーパンというと、「腰で穿く」ことが常識だといわれた時期もありました。休日に穿くことも多いから、普段のスーツのズボンよりリラックスできるサイズを選ぶ方も多いようです。

そうなると、よりブカブカのジーパンを穿くことになる。リラックスしたいから、シャツの裾もズボンから出す。私もすでに還暦を過ぎていますが、おじさんがそういう大きめのズボンを穿き、さらにシャツをズボンから出して着ると、どうしてもだらしなく見えるように思うのです。

ジャストサイズで穿いてほしい、リゾルト７１０

だから、この710という型番のジーパンは、やや細身になっています。また、太ももから裾に向けてわずかに細くなる形になっています。これを「テーパード・シルエット」といいます。基本的に世の中のほとんどのジーパンが、このテーパード・シルエットになってはいますが、710はそのシルエットが少しだけ細くなっています。

それをあくまでジャストサイズで穿くことを理想としています。お尻がダブつくことなくピッタリしていて、そこから裾にかけてストンと落ちていく形です。

シャツを着て、ジャケットを羽織り、革靴を合わせるという、あくまで大人のファッションに通用する形を目指しました。

裾上げはジーパンのシルエットを壊してしまう

みなさんはお店でジーパンを買う時、裾上げすることが多いのではないでしょうか。店員さんに裾の長さを見てもらって、そこを安全ピンやまち針で留めて、その長さにカットしてもらい、ミシンで裾を縫い合わせてもらう。

リゾルトの７１０は、その裾上げをしなくていいジーパンを目指しました。裾を切らなくていいジーパンです。

どういうことかというと、話は単純、たくさんの丈の長さ（「レングス」といいます）を作ればいい。でも、これをやるブランドは本当に少ないのです。

たとえば、ユニクロのホームページで、あるジーパンのサイズ表を見てみましょう。

このジーパンは、ウエストを28インチから35インチまで選ぶことができます。

でも、レングスを選ぶことはできません。

レングスは78・5センチ、あるいは84センチ……というようにすべて決められており、買う人はそのまま穿くか、脚の長さに合わせて裾を切らなくてはなりません。

裾を切るということは、次ページの図のように裾の幅が広くなってしまい、せっかくのすっきりしたシルエットを損なうことになります。裾の幅が広くなることは、そのジーパンが本来デザインされた形を壊してしまうことになるのです。

先ほど述べたように７１０は、テーパードの微妙な細さにまでこだわってパターン

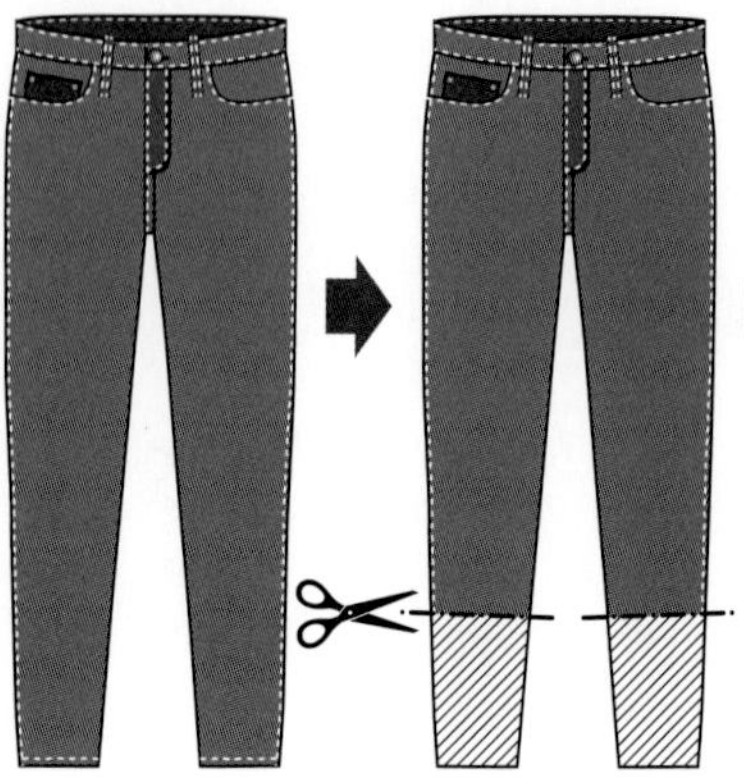

図１　裾幅が広くなってしまう

（型紙＝服を作るための設計図）を引いたジーパンなので、裾を切らずに穿いてほしいのです。

だから、７１０はウエストは26インチから40インチまで12サイズあり、ほぼすべてのウエストでそれぞれレングスも28インチ（リジッドリンスで約70センチ）から36インチ（約91センチ）まで八つの長さを用意しています。そのサイズとレングスのパターンは合計で87型になるのですが、それぞれウエストとレングスに応じてテーパードの具合を微妙に変えてデザインしています。

裁断の工程も大変な手間ですし、われわれメーカーも、実際に７１０を売ってくださる販売店さんも、各サイズの在庫を用意しなくてはなりません。

なぜ他のブランドがレングスを用意しないのかというと、ひと言でいうと面倒くさいから、ということでしょう。工程も在庫管理も効率的ではないし、いま流行りの言葉でいうと「コスパが悪い」ということになります。レングスは一つに絞って、買ったお店で切ってもらうことが経済合理性という意味では正しいのでしょうが、私はそれをやりたくなかった。

この考え方は、私がかつてやっていた「ドゥニーム」というブランドで2004年につくった「京都モデル」ですでに試していたことです。当時京都店だけで販売したこの京都モデルが「ある種の完成形」でした。

リゾルト710に至るまでの道のり

ジーパンの基本はリーバイスにあります。それも501という品番です。ゴーマルイチ。おそらく誰もが一度は耳にしたことがあるのではないでしょうか。

ブルックスブラザーズのポロカラーシャツ（ボタンダウンシャツ）、ラコステのL1212（ポロシャツ）、バラクータのG9やG4（スイングトップといわれるブルゾン）、アクアスキュータムのステンカラーコート、ジェイエムウエストンの180（ローファー）など、ファッションにはいろんな世界的定番がありますが、その中でもリーバイスの501は間違いなく最も有名で、最も多くの人々に愛されたアイテムだといえます。

私がジーパンを作るうえでの目標も、この501にあります。

詳しくは第2章でお話ししますが、リーバイスの501の源流は、1950年代までの「XX」（通称ダブルエックス）と1973年〜78年頃に作られた「66前期」（通称「ロクロク」）という二つのモデルにあります。

この二つのモデルはいろんなディテールの違いがあるのですが、ここでは便宜上、

XXモデル＝やや太め
66モデル＝やや細め

と大雑把に分類して話を進めます。

本書の「はじめに」で、エヴィスジーンズやウエアハウス、フルカウントという大阪発祥のジーパンブランドを挙げましたが、これらのブランドは当初やや太めのＸＸモデルを得意とし、１９９０年代にはレプリカジーンズ・ブームを巻き起こしました。現在、40代以上の方は、当時の熱狂を覚えておられるかもしれません。

このブームは世界に発信されていきます。本書のテーマである、日本のジーパンのものづくりが世界に認められるようになったのは、このブームも大いに関係しています。

百年以上前、アメリカのゴールドラッシュ時代に採掘者のための作業着として生まれたリーバイスのジーンズは、ワークウェアにとどまらず、世界のファッションアイテムとなっていきます。諸説ありますが、日本では、戦後の占領期にＧＩつまりアメリカ兵によって浸透していき、「ＧＩが穿いていたパンツ＝Ｇパン」という説もあるようです。

そのようなジーパンの歴史の中で、私が作るリゾルトの７１０はリーバイスの66モデルを理想としています。先に述べたように、やや細身の作りでシャツや革靴と合わせやすく、大人のためのジーパンだと考えるからです。

ただ66モデルもアメリカ人が穿くとピッタリなのですが、日本人が穿くとお尻の部分が少しダブつくのです。

日本人とアメリカ人は当然体の大きさも脚の長さも違いますが、ジーパンの着こなしにおいてはお尻の大きさが非常に影響する。５０１の66モデルは私にとっての理想であるのですが、それをそのままの形で作っても日本人にとってベストなジーパンではない、ということなんです。

ジーパンはウンチクより、シルエットで選んでほしい

だから私は、理想を目指しつつも日本人に最も似合うジーパン、日本人が最もカッコよく見えるジーパンを作るために、さまざまな工夫を重ねてきました。

とくにシルエットだけは妥協できなかった。シルエットに妥協しないジーパンだから、サイズ選びにもこだわってほしいと思い、今では店頭に立ってフィッティングのアドバイスもしています。

ジーパンのサイズ選びで思い出すのは、１９９０年以降のヴィンテージ・ジーンズ・ブームについて。少し太めのシルエットの50年代のＸＸモデルが人気を集め、少し大きめのサイズを穿くことが流行していました。同じ頃、アメリカでもヒップホップやスケートボードのカルチャーが出てきて、今で言うビッグシルエットのファッションが注目されはじめていました。

古着として日本に入ってきたＸＸモデルが、日本人にとっては少し大きめのサイズだったのかもしれませんが、当時のブームではシルエットやサイズ選びは二の次でした。とにかくＸＸモデルを穿くことそのものがブームだったと言っていいと思います。その後、ＸＸモデルをもとにしたレプリカジーンズ・ブームも巻き起こりますが、その時もどういうコットンを使っているかとか、糸の染め方やどんな力織機《りきしょっき》を使ったのかといったウンチクばかりが注目されていたように思います。

私にとってのジーパンは、古い映画や洋雑誌に出てくるカッコいいアメリカ人のイメージ。また、アラン・ドロンとかジェーン・バーキンといったヨーロッパの俳優たちも５０１をとてもおしゃれに穿いていましたが、彼ら彼女らもジャストサイズのジーパンを選んでいた。やっぱりお尻がダボダボではなくピュッと上がっている、そういうシルエットです。

７１０は、そのシルエットを目指して作ったリゾルトの旗艦商品であり、自信作なのです。

少しだけ太めの711

もう一つの主要モデルであるリゾルト７１１は、ＸＸモデルをベースにしています。つまり、少しだけ太めのシルエットが特徴です。定価はウエスト26インチ～34インチが２万７５００円。ウエスト36、38、40インチが２万８６００円です。

生地も７１０より少し薄い13・１３（non wash）／13・５０（wash）オンスのデニムを使っています。この生地で少し太めなので夏場も涼しく穿けるジーパンとしてファンの間では人気を集めています。

ジーパンは古着をそのまま再現するのではなく、誰かがカッコよく穿いてる姿を再現すべきだというのが私のモットー。先ほどお話ししたように日本人が穿くとどうしてもお尻の生地がダブつくので、この７１１はリーバイスのボーイズサイズ、少年向けのジーンズをベースに型紙を作りました。

リーバイスは、１９３９年に世界初の女性用ジーンズ（７０１）を発売していますが、それ以前の女性は５０１のボーイズサイズ「５０３Ｂ」という品番を穿いて、おしゃれを楽しんでいました。後ろのポケットが５０１と比べると少し下がった位置につけられているためお尻が小さく見える。また、ウエストも５０１よりコンパクトになっており女性でもカッコよく穿きこなせるジーンズだったのです。そういうエピソードがあるからなのか、現在リーバイスは女性向けのレディースラインで５０３Ｂという品番を復活させています。

このお尻のシルエットへの工夫があれば日本人にも似合うのではないか。

そう考えて７１１はリーバイス５０３ＢＸＸ（古着のＸＸモデル）をモデルにしました。最近、ジャケットにジーンズを合わせる方が増えてきていますが、そういう方はトラウザーズ感覚でこの７１１を好んで穿いてますね。

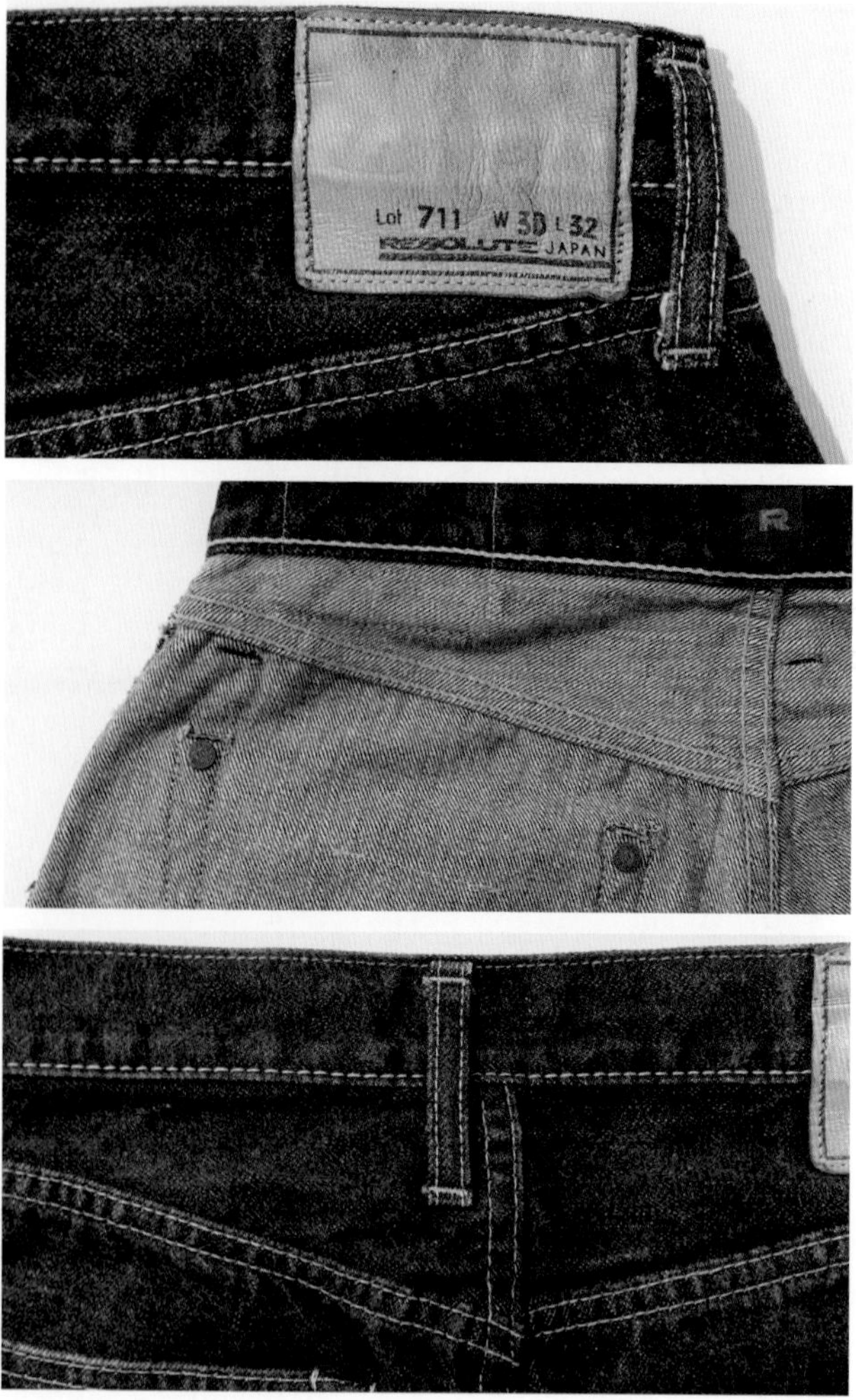

（上）革パッチ（中）後ろポケットの隠しリベット
（下）真後ろのベルトループをずらしたオフセットセンターループ

リゾルト７１１

ジップフライでテーパード強めの７１２、浅い股上の７１３

次は７１２という品番について。７１０と７１１の前立てはどちらもボタンフライ（ボタンで開け閉めする）になっていますが、この７１２はジッパーを使って開け閉めするタイプです。定価は、ウエスト26インチ～34インチが２万３１００円。ウエスト36インチが２万４２００円です。

７１０と比べてほんのちょっと太ももに余裕を持たせて、膝から下はテーパードさせてます。リーバイスにも同じような作りの５０５というモデルがあるのですが、あれはもうちょっと股上が深めです。生地は「サンフォライズ加工」といって、１９３０年代にアメリカで開発された防縮加工を施しています。

７１０の生地の表面をよく見てみると、白い毛羽立ちがあります。後述しますが、この毛羽立ちがジーパンの色落ちに大きく影響するのですが、７１２はそれを焼いてつるっとした生地にしました。リーやラングラーといったメーカーが採用した加工で、これを施せばジーパンが縮むことはほぼありません。この７１２もジャケットを着る時に合わせやすいシルエットになっています。

７１３は７１０の股上を削ったモデルでその分、フロントボタンが一つ少なくなっています（定価は７１２と同じ）。股上が浅いパンツがいいという人に根強いファンがいますね。

この４型のジーパンがリゾルトのすべてです。

リゾルト特有の白い毛羽

リゾルトは「シルエット」だけでなく、「生地」にも徹底的にこだわったジーパンです。

デニムの生地は、インディゴという染料で染められた経糸《たていと》と、白い緯糸《よこいと》を織って作られます。ちなみに、糸は撚《よ》る（ねじりあわせる）ことで作られます。撚った糸を織って生地にすることで、さらに強度が増します。

私は今でこそ毎日ジーパンといえばリゾルトを穿いていますが、リゾルトを立ち上げるまではずっとリーバイスを穿いていました。一九六〇年代～七〇年代のリーバイスの新品のジーパンをよく見てみるとわかるのですが、デニム生地の表面に白い毛が浮き出ています。毛羽立っているんです。白い毛ということは、つまりデニム生地の緯糸の毛。緯糸があまり撚られていないから、その毛が表面に出て、毛羽立っているということです。

私がかつて立ち上げたドゥニームもそうですが、ヴィンテージを目指してきたメーカーのジーパンは経糸も緯糸もグリグリときつく撚った糸を使うことが多かった。ザラザラでいかにも硬い生地こそがヴィンテージだろうと考えていたからです。ただ、そのような糸を使うと、一度破れるとすごく脆《もろ》いんです。

どうすればいいのか。

経糸はきつく撚った糸を使うが、緯糸を甘く撚った糸を使えばいい。そうすることで、緯糸がショックアブソーバー的な役割になる。衝撃を吸収するというか、生地に余裕が生まれるというか、破れにくくなります。

しばらく穿いて、洗ってということを繰り返すと、クッションになっていた表面の白い毛羽立ちがなくなってきて、そこから色落ちが始まる。

リゾルトの生地はよく毛羽立っているといわれますが、それも当時の生地に近づけているからなんです。

2　日本のジーパン＝リゾルトを作る

生地はどのようにして作られているのか

私が作るジーパンのデニム生地は、岡山県と広島県にまたがる備後《びんご》地方の工場で作ってもらっています。詳しくは第2章で掘り下げますが、この備後地方は、「日本のジーパンの産地」と呼ばれているエリアです。糸から染色、織り、縫製まで全部、ドゥニーム時代からの長い「お付き合い」があるからこそ、リゾルトのジーパンが生まれているのです。

リーバイスによって発明されて以来、ジーパンは綿１００％が基本です。

まずは「紡績」という工程から。綿花をほぐし、撚って糸にする工程のことです。

次は「染色」という工程です。紡績によって生まれた糸がインディゴ染料によってジーパンのデニム生地の色、ブルーに染められます。そのブルーに染色された経糸と、白い緯糸を綾に織る工程を「機《はた》織り」といいます。

そして機織りによって生まれたデニム生地を縫う工程を「縫製」といいます。

この備後地方には、紡績が得意な工場、染色が得意な工場、機織りが得意な工場が揃っているんです。紡績、染色、機織りそれぞれの工程で、リゾルトのジーパンにベストな工場を選んでお願いしています。

アメリカで生まれたジーパンは、ファッションアイテムでありながら、工業製品としての性格も帯びた商品です。後で詳しくお話ししますが、１９７０年代以降、日本のジーンズメーカーも当然、工業製品として「大量生産」「低コスト」を目指してきました。

工業製品となる経緯の中で、それまですべて分業されてきた紡績、染色、機織りといった工程をすべて自社でやろうとした。なぜか。自社でやることでコストダウンできるからです。自社でもある程度のレベルまではいけると思います。でも、紡績一本の工場、染色の職人が揃っている工場、機織りだけを追求した工場には敵わないのではないか。

それに「自社でやること＝コストダウン」である以上、逆に融通が利かなくなることがある。私たちクリエーターが「こうしてほしい」と頼んでも、「そういうことをやるとコストがかかるので……」という社内判断になることもある。

　いまファストファッションのブランドがやっていることは、究極のコストカットです。そういったブランドの工場では、徹底した分業でコストを下げている。たとえばズボンの左ポケットの一部だけを日がな一日縫う工程だけに従事している方もいると聞いたことがあります。大変な仕事です。けれども、そこに融通は利かない。ファストファッションのブランドを私は否定しているわけではありませんが、リゾルトのやり方と百八十度違うことはたしかです。

　リゾルトを立ち上げる時、私はその「自社でやること＝コストダウン」という制約を取り払ってしまおうと考えました。

　紡績はここ、染色はあそこ、織りはそっちで、とそれぞれの工程で工場をバラしてセレクトさせてもらいました。

　そのセレクトには、日本のジーンズメーカーに大きな影響を与えた大阪の生地卸問屋「藤原」という会社にいた鶴田裕彦（現・株式会社リミックス）さんに、かなり細かいところまで相談に乗ってもらいました。

この鶴田さん、1970年代から、デニム生地の生産をアレンジしてアパレル企業へ卸してきた、「デニムのパイオニア」だといっていい方です。大量生産向けから、本当の職人たちが作る糸、染色、機織りまで現場のすべてを知っている。

リゾルトでお願いしている工場の社長や職人さんは、鶴田さんも私も長らく一緒にやってきた関係です。リゾルトを立ち上げた当初は、本当に足繁く工場へ足を運びました。

「ドゥニームの時は白い糸やったんやけど、リゾルトでは生の糸を使ってみたい」

「染めもこうやりたい」

「デニムの糊の量も変えてみたい」

現場の方からすると、面倒な相談も多かったかもしれません。でも、そうやって関係を作った「顔見知り」だからこそできる職人技が集結した一本、それがリゾルトの710であり、711なのです。

糸は、広島県福山市のカイハラさんにお願いしています。

すでに染色から織りまでを一貫生産し、優れたデニムを世界に供給しているカイハラさんに、わざわざ糸だけをお願いしています。

　機織りの工程は、ドゥニームの頃からやってもらっているシンヤ株式会社さんにお願いしています。岡山県井原市にあるんですが、ここの工場にある旧式の力織機が一番いいんです。実はリゾルト専用の織機を用意してもらっていて、それで織ると出来が全然違います。旧式だけに織機のメンテナンスも大変で、熟練の職人さんがしっかりやってくれています。

デニムを縫って最後の「洗い」工程へ

　そうやって生まれたデニム生地をジーパンの形に縫うのは、同じ岡山県の新見市にある新見ソーイングセンターさんです。ここはかつてリーバイスの指定工場でした。アメリカ本国のリーバイスが使っていた、昔からのユニオンスペシャル社のミシンが揃う工場で、縫製工程別に細かく設定されたミシンで縫われていきます。

　この縫製工場はサイズ通りにきっちり仕上げる技術を持っていて、「ここやないとリゾルトの顔にならん」と思うほど信頼しています。だからポケットのスレキ（袋布）に、昔からのミシンのマークと「NIIMI SEWING CO.」と書いたギャランティを縫い込んでますよ。

もう一つ。ジーパン作りの最後には、日本独自の「洗い」という工程があります。この洗いがとても重要なのです。縫製を終えたジーパンは、かつては島根県の奥出雲にあった「TeDファクトリー」（廃業）という工場で、現在は有限会社タグチという工場で、糊を落として柔らかくするために洗いがかけられます。

洗いをかける前のジーパンは「リジッド」と呼ばれます。「堅くて曲がらない」「硬直した」という意味です。穿いてみたらわかるけど、それくらい硬い。

では、なぜ硬いのか。生地を織る際に、インディゴという染料で染められた経糸を使うことはすでにご説明しました。その経糸をまっすぐにしておくと、織る時に作業しやすくなるんです。そのために経糸は糊付けされている。けれども、その糊付けされたままのデニム生地はすごく硬い。ごわごわしすぎて穿きにくいんですね。だから「洗い」という作業が必要になってくるんです。第2章で改めてご説明しますが、その「洗い」

にも日本のジーパンの真髄が詰まっています。

たとえば糊を落とすために、ジーパン50本を一度に釜に入れて洗うとなると、インデイゴ染料が色移りしてしまいます。どういうことかというと、たとえばポケットの白いスレキなどの部分が青くなってしまう。だから「手洗いしたように洗ってもらって、そのうえで柔らかくしてください」とTeDファクトリーのおやじさんに無理を言ったんです。

おやじさんは考えて工夫してくれました。

リゾルトでは「リジッドリンス」と呼んでいる方法で、ジーパンの糊を自宅で落とした時のような表情を目指しています。

何度も述べてきたように、リゾルトのジーパンはシルエットがすべてです。

けれども、糊付けされたままのカチカチのジーパンでは、そのシルエットがよくわからない。試着で穿いてくれたお客さんにも、しっかりご自身の脚に馴染んで、美しいシルエットであることがわかるようにしたかった。でも、柔軟剤を使ってヌメッと柔らかくするのも嫌だったんですね。こうやって説明していると、つくづく無茶なお願いだったなと思いますが（笑）。

色移りも避けたかったので、おやじさんには一本ずつ洗ってもらっていました。

その後、乾燥機に入れて乾かすのですが、この工程が一番のポイントです。

どうやるのかというと、生乾きの状態で、ディンプル（くぼみ）のあるゴルフボール大のゴムボールを一緒に入れるんですね。

このゴムボールが、生地をいい塩梅《あんばい》で叩いてくれる。この叩きによって柔らかくなったジーパンは、リジッドの雰囲気を残しつつ、シルエットがよくわかるギリギリの硬さ（柔らかさ）になるんです。

かなりの手間がかかっているので正直言ってコストパフォーマンスはよくないのですが、かつてはリーバイスの洗い加工も担当していたおやじさんに何度も相談して生まれたリゾルトならではの「洗い」なんですね。島根県の方らしい真面目で実直な職人さんのおかげで、最後に最高の仕上げを施して、リゾルトのジーパンは完成。今もそれは引き継がれています。

3　日本のジーパンを「売る」こと

社長が毎日穿いてくれた

いまリゾルトを作っているのは日本製鉄グループの中核商社、日鉄物産グループの「エスビープラニング」というファッション関連の会社です。後で詳しくお話ししますが、ドゥニームをやめることになり突然仕事がなくなった私と、「いつか自社ブランドを立ち上げたい」というエスビープラニング社長（当時）・吉村実さんの意向が合致して、２０１０年５月にスタートしました。

メインのジーパンである７１０のサンプル（テスト版）ができ上がってきたのが、２０１０年の４月頃。そのサンプルを、当時40人ほどいたエスビープラニングの男性社員たちに穿いてもらった。

毎日穿いてくれる人もいれば、週に1回程度という人もいる。でも社長の吉村さんは自分で「やろう」と言った手前、本当に律儀に穿いてくれました。

それがいい色落ちをしてくれたんです。

リゾルトを立ち上げて2年目は、その吉村さんの穿いた710を持って、「こんなにいい色落ちをするんです」と営業していました。

撮影して、ポスターにまでなったその７１０が、初期リゾルトの「顔」になってくれました。

でもはじめはそんなに売れなかった。私が大阪に住んでいるのでまずは関西のショップからセールスしたのですが、

「ドゥニームじゃないやろ。今はエヴィスもフルカウントもウエアハウスもあるし、別にいらんよ」

「ドゥニームやめて、今度はジーパン４型だけて、そりゃすぐに潰れるで」

と好き放題言われてました。

でも、中にはその「顔」となった７１０の色落ちを見て、「おお、ええやん」と言っ

てくれるショップもあった。

関西は東京と違って、あまり「誰それの」「どこそこの」といったブランド志向がない。

どちらかというと、「ブランドなんてどうでもええやん、そんなん」という土壌です。作ったものがよければ認めてくれる。

そういう意味ではものづくりをする人間にとってフェアな環境で、とてもおもしろい。

本書の「はじめに」でも書いたように、日本を代表するジーパン専業ブランドはほぼ大阪から生まれていますが、もしかしたらそういう「ブランド」よりも「ものづくり」を大事にする精神性が影響しているのかもしれません。

２０１０年５月にリゾルトのお披露目をしましたが、本格的に商品ができ上がってきたのは９月です。売り始めたのは、そこからです。

でもジーパンは認知されるまでに経験上、３年はかかる。

実際に穿いてみて、きれいに色落ちするジーパンなんだとわかってもらえるのが大体３年後なんですね。リゾルトを立ち上げた段階でオーダーしてくれたのは約20店舗くらいで、それらのお店に9月からデリバリーした。少しずつお店が増えて、30〜40店舗になったのが大体1年後のことでした。

神戸「サンクエッセンシャル」から始まった「売り子」スタイル

今、リゾルトは独特の「営業」をやっています。

それは、「リゾルト・フェア」です。

デザイナーである私自身が、全国のショップの店頭に立って、直接お客さんのフィッティングをするイベントです。

「丈はもう少し短めがいい」

「ウエストは少し伸びるから、少々キツめを最初は選んで」

といったことを、実際にお客さんに伝えながら、そのお客さんにとってベストのサイズを選ぶお手伝いをする。

店頭には、リゾルトの新品だけではなく、実際に数年間穿き込んだジーパンを置かせてもらって、色落ちも見てもらいます。

「ウエストが伸びる」と説明してもなかなか理解してもらいにくいので、お客さんにはその穿き込んだジーパンを試着してもらうこともある。

要は、リゾルトのジーパンを穿くと、こんなにカッコいいんだよ、ということを私がお客さんにプレゼンしながら販売するんです。

かつて私がやっていたドゥニームでは直営店を全国に約10店舗持っていました。そうなるとどうしても事業の規模が大きくなります。人件費もかかるし、固定費もかかる。そうなると企業としては、ジーパン以外にもTシャツやスウェットなどいろんなアイテムを作って、売り上げを確保しなくてはならなくなる。ビジネスとしては正しいことなのかもしれませんが、私は過去にそうやってジーパンからちょっと離れた仕事をしながら、ジーパンも作り続ける、という矛盾に葛藤したことがありました。

リゾルトではジーパンしか作らない。リゾルトは直営店も持たない。それには、こういう理由もあったのです。

直営店がなければどうするかを考えていたところ、リゾルト立ち上げの頃からのスタ

ッフである鈴木和徳（生産管理・国内営業担当）が、

「林さん、店頭に立ってくださいよ。ショップに全サイズ送って、そこでフィッティングの実演販売しましょう」

と提案してくれたんです。当初は「フィッティングフェア」なんて言葉はなかったと思います。とりあえず「デザイナーの林が来て、接客します」と宣伝すれば、結構いい集客になるんじゃないか、ということから始まったんです。

最初にその話に乗ってくれたのが、今でもフェアをやってくれている神戸の「サンクエッセンシャル」というセレクトショップです。

このサンクエッセンシャルは、基本的にはイタリアやフランス、イギリス製のインポートしか扱わないショップなのですが、ジーパンだけは日本製を入れていた。そもそも昔からドゥニームのジーパンを置きたかったようですが、いろんな事情から取り扱うことができなかった。

だからリゾルトを始める段階からすごく熱心でした。2010年5月にリゾルトをスタートする前に、すでに東京に来られて、商談をしていました。

そのサンクエッセンシャルさんで、実際に店頭に立ってお客さんを見ていると、勉強になることもたくさんあった。

たとえばフィッティングです。

お客さんはどうしても大きいサイズを試したがるんです。おそらくかつてのヴィンテージ・ブームの際の、ちょっと大きめのサイズをブカブカで穿くという発想が根強く残っていたんだと思います。

レングス（股下）も少し引きずるような長さのものを選ばれることが多かった。

今の私のように、本当のジャストサイズでお尻もピタッとフィットして、丈もくるぶしあたりのノークッションの選び方は、まったく浸透していませんでした。

なるほど、ジーパンはこのような選び方をされてきたのか。

そう思わずにいられませんでした。

東京・上野アメ横にある「アメリカ屋」でも店頭に立ちました。

アメリカ屋さんは、アメカジの老舗のジーンズショップ。サンクエッセンシャルさんとはまた違った客層で、ここでもお客さんにジーパンの選び方をアドバイスしていきました。

少しずつ評判になっていって、「うちもやりたいです」というお店が増えてきました。最初は2カ月、3カ月に1度だったのが、月に1度になり、2015年頃には毎週末、それも土曜日と日曜日の2日間を使って開催する人気イベントになりました。

秋口の9月から5月のゴールデンウィークまでの私のスケジュールは、ほぼすべての土日がリゾルト・フェアで埋まっていて、「林さん、次はウチで頼んまっせ」という状況（笑）。あるお店では、オープンした途端に行列ができて、お客さんがエスカレーター近くまで並んでいるという盛況ぶりでした。

今は新型コロナウイルスの影響もあり、直接店頭に立って販売するフェアはできませんが、Ｚｏｏｍを使ったリモート形式で苦労しながらやってます。

積極的な海外展開

リゾルトは海外にも積極的に出ていこうとしています。

現在、ヨーロッパ、アメリカ、アジアの計52のショップがリゾルトのジーパンを売ってくれています。一番早かったのが、香港の「INCREDIBLE」というショップです。このショップのオーナーがヴィンテージマニアだったこともあり、「香港で売りたい」というオファーがありました。

韓国には販売代行をお願いしているディストリビューターがいますし、ここ数年は中国でも五つのショップが売ってくれている。

2013年からはイタリアで行われる世界最大規模のメンズファッションブランドの見本市である「ピッティ・ウォモ」にも出展するようになりました。「ピッティ・ウォモ」は、毎年1月と6月にフィレンツェで行われ、イタリアはもとより世界各国の有名ブランドが新作を発表します。それを見に集まるバイヤーなど関係者のファッションも注目される一大イベントです。

ピッティに関しては「続けることに意義がある」と14回出展していますが、2015年ぐらいからオーダーがぐっと増えました。当初は地元のイタリアの店から、パリのセレクトショップ「MERCI」まで広がってきています。ロンドンでも「Trunk Clothiers」というお店が結構売ってくれている。本数でいうと、年間150本から200本ぐらい。パリでリゾルト・フェアをやったこともありますね。

4　また同じ新品を買ってもらうために

ブログで情報発信

リゾルトの情報発信はインターネットが中心です。

私のブログ「たかがジーパンや！」は、ブランド立ち上げの1カ月後、6月30日から始まりました。その2カ月後のレポートをちょっとご紹介しましょう。

２０１０年８月25日

「最終サンプルや」

店頭に並ぶ製品のうち、
66タイプの「７１０」とXXタイプの「７１１」の

最終サンプルがあがったよ。
展示会で見せたものよりも
色が濃いし、毛もよう立っとる。
（中略）
来週からデリバリーに入るんで、
待っといてください。

大阪弁で話しかけるような感じで書いています。

また、インスタグラム（@resolute_japan）も積極的に活用しています。最近ではブログ「たかがジーパンや！」もインスタグラム上で更新するようにしています。

リゾルトのスタッフがジーパンを穿き込んで、その過程をレポートする「穿き込み企画」や、２０２０年の新型コロナウイルスによる緊急事態宣言中、４月から５月にかけては「STAY HOME RESOLUTE」という企画も行いました。

この「STAY HOME RESOLUTE」は、リゾルトのジーパンを穿いて撮影し、その写真を「#stayhomeresolute」というタグをつけてインスタグラムにアップするというもの。

1投稿につき、リゾルトから新型コロナウイルスと戦っている医療従事者をはじめとするエッセンシャルワーカーの方々へ100円を寄付する社会貢献活動で、外出自粛中でも家にいながらオシャレを楽しむことができる場になればという思いから始まった企画です。

最終的には全世界から854もの投稿が集まり、2020年6月10日に日本医師会に寄付させていただきました。

尾道デニムプロジェクトを全面サポート

2013年1月には、広島県尾道市と一緒に、備後地方で作られるデニムの魅力発信と、尾道の魅力発信を目的とした「尾道デニムプロジェクト」を立ち上げました。

尾道市長をはじめ漁師、農家、大工、デザイナー、カフェ店員、保育士から住職さんまで、瀬戸内の風土と歴史あふれる尾道で暮らし、尾道で働く人々に、ジーパンを実際に穿き込んでもらうというこれまでにない企画です。

まず協力してくれる方1人につき新品のリゾルトを2本配布します。1本を一週間穿いてもらって回収して洗濯し、その間にもう1本を穿いてもらう。

リゾルトはユーズド加工のジーパンを作ることはありませんが、実際に人に穿いてもらってリアルユーズドジーパンを作ってみようという試みです。

本書では、ジーパンの歴史にも触れていますが、そもそもジーパンは労働者が穿くものでした。尾道デニムプロジェクトのホームページには、自動車整備士の方、酒屋の方、建設業の方などが実際に仕事をする際に穿いたジーパンの写真が掲載されています。ペンキの跡、工場のオイルの汚れなどまさにリアルワークパンツとしてのジーパンが、それぞれ違った表情を見せてくれています。

2014年には尾道市の商店街に「ONOMICHI DENIM SHOP」をオープン。すべて一点ものの芸術作品のようなジーパンを「尾道デニム」として販売しています。

5年穿いて、また同じ新品が買えるように

この尾道デニムプロジェクトは、1年間、日々ハードに穿いてもらうからこそできる色落ち具合です。リゾルトのジーパンは、たとえば週に1～2日穿く方だと、なかなかすぐには色落ちしません。数年間かけてだんだんと色が落ちていくイメージです。

そういうジーパンだから、私の理想は、長く5年くらい穿いてもらって、いい感じに色落ちした時、また同じ形の同じレングスのジーパンを買ってもらえること。

その新しく買ったジーパンを、また穿き込んでいって、同じように色落ちしていく過程を楽しんでほしい。

そのように1本ずつ育てるように色落ちをさせると、濃紺から薄いサックスブルーまでグラデーションのような色落ちのジーパンが揃う。

朝、コーディネートする際にはシャツやジャケットや靴と合わせて、その中の1本を取り入れる。今日は薄い色のジーパンにしよう、今日はちょっと濃い目が穿きたい、と

いうように。

そして長く穿き込んで、新しいジーパンがほしいと思ったときに、同じものが買えるようにしたい。同じジーパンで、また同じように色落ちの過程を楽しんでほしい。

いまリゾルトは12年目に入りましたが、15周年、20周年になった頃、さらにクオリティを上げていきたい。

「もう変えるところ、良くするところはない」と思っても、やっぱり欲が出てくる。

ジーパンは簡単なように見えて、簡単じゃないんです。

だからおもしろいんですけどね。

第 2 章

日本のジーパンはこうして生まれた

1　そもそも、リーバイス501とはなにか

ジーパンの源流としてのリーバイス501

ジーンズについて話を始める場合、最初に出てくるのが1870年代のサンフランシスコで初めてジーパンを作ったリーバイ・ストラウス&カンパニー、つまりはリーバイスについてです。

これは世界中、世代や性別を問わずにそうだと思います。

私自身を含め、日本のジーパンを作っている人間にとって、絶対的な目標になるのが、そのリーバイス501。とくに古い時代のXX（ダブルエックス）に憧れを持つ人間が多い。

大阪にはエヴィスジーンズやフルカウント、ウエアハウスなど、1990年代にレプ

リカジーンズをブームにした有名なジーパンメーカーがあります。

そういえば、あるメーカーの社長が、1800年代のリーバイス501を大枚はたいて買ってきたことがありました。当時でもウン百万円の歴史的なジーパンということもあって、「林さん、見に来てよ」と声がかかった。ほかにも大阪のジーパン関係者が集まってのお披露目となったわけです。

みんなは、

「すごいなあ」

「これがジーパンの原型か！」

と興味津々どころか大感動しているのですが、私の感想は、

「なんや、きったないボロやなあ」

というもの（笑）。すでに述べてきたように、私の理想は501の1970年代の66モデル。それに「ジーパンオタク」でも「コレクター」でも「研究者」でも「ファッションデザイナー」でもないから、ついこういう感想を口にしてしまったんだと思います。

ともあれ、ジーパンの基本は百年ほど大きく変わってはいない。

５ポケットのデザイン、生地、フロントのボタンフライ、ポケットのリベットといった構成はすでに百年前に完成していたということです。完成しただけではなく、それが最も多くの人に愛されたファッションアイテムになった。

ジーパン以外に、こういうファッションアイテムはない。

これはすごいことだと思います。

この第２章では、私流の視点で、そのジーパンが世界で、そして日本で愛されるようになった歴史についてダイジェストしてみようと思います。

ゴールドラッシュの作業着から生まれた

リーバイスという会社は、１８２９年生まれのリーバイ・ストラウスというユダヤ人が設立しました。

元々はドイツのバイエルン地方のユダヤ商人の家に育ち、18歳の頃にアメリカへ移住。１８４８年にカリフォルニアのアメリカン川沿岸地帯での砂金発見以降、アメリカ西部ではいわゆるゴールドラッシュを迎えますが、リーバイ・ストラウスもその拠点であるサンフランシスコへ移り、鉱山で働く労働者が必要とする衣料品や寝具などの販売を手がけ成功します。１８７２年のことです。

そんなリーバイ・ストラウスにネバダ州のリノという都市で仕立て屋をしていた、ジェイコブ（ヤコブ）・W・デイビスから一通の手紙が届きます。ジェイコブはリーバイ・ストラウス社から仕入れた生地でズボンを仕立てていた顧客の一人でした。

その手紙には、一人の女性客から「できるだけ丈夫なズボンを作ってほしい。夫に穿かせたいので」という依頼があり、そのためにポケットをリベットで留めて補強したことが書かれていました。リベットとは、ジーパン前ポケットについている金属製の留め具のことです。

以降、ジェイコブは自分が仕立てる作業着のズボンにはリベットで補強するようになったのですが、これが非常に好評を得た。そして、自分が発明したリベット付きズボンが真似されてしまう可能性まで出てきた。

真似されないためにはどうするか。特許を取らなくてはいけません。

資金力のないジェイコブは、生地の仕入れ先のリーバイ・ストラウス社に、２本のリベット付きズボンを同封のうえ、「このズボンの特許を一緒に取らないか」と手紙をしたためたのです。

社長のリーバイ・ストラウスは即、快諾します。

こうして「デニム生地を使ってリベットでポケットを留めたパンツ」の特許が認められたのです。現在のリーバイ・ストラウス社では、特許が受理された１８７３年5月20日を「ジーンズ誕生の日」としているそうです（『日本ジーンズ物語』杉山慎策著、吉備人出版）。

ちなみに、「ジーンズ」という名称をリーバイ・ストラウス社が使うのは実は１９６０年代以降のことで、それまでは長く「オーバーオールズ」という正式商品名でした。アメリカの西海岸開拓時代の荒っぽい労働条件下で「体を汚れやケガから守る」といったニュアンスが伝わってくる商品名ではないでしょうか。

誰もが知っている「５０１」については、リーバイ・ストラウス社１９０１年春夏カタログ「COPPER RIVETED CLOTHING」の「ＸＸ」欄の一番上に「５０１」というロットナンバー（品番）が掲載されています。このカタログでは「2 Hip Pockets」と記されている。当初ジェイコブの作るリベット付きパンツの後ろのポケットは一つだったのが、今と同じ二つに増えたということがわかる。「ＸＸ」はダブル・エクストラ・ヘビー、すなわち生地の分厚さがとてつもなく重厚＝最高グレードの意味です。

『５０１ＸＸは誰が作ったのか？』（青田充弘著、立東舎）という専門書には、開拓時代の１８９０年頃の５０１ＸＸの右後ろの革パッチのラベルが再現されていて、

「LEVI STRAUSS & CO.」

「SAN FRANCISCO,CAL.」

「COPPER RIVETED CLOTHING」

「PATENTED MAY 20 1873」

という表記と、御者《ぎょしゃ》（馬車を走らせる人）にむち打たれた左右の馬がパンツを引っ張る「ツーホース・マーク」が描かれています。その下にウエストとレングス、そしてＸＸの文字がスタンプされていたかもしれないと推測されています。

もう一つＸＸの特徴の一つとして、後ろの二つのポケットの左右にリベットが打たれ

ていることがあります。そしてそのリベットは外からは見えない生地で覆われた「隠しリベット（コンシールド・リベット）」になっている。これは金属のリベットによって、カウボーイが大切にする馬の鞍や、工場作業員がクルマの塗装やシート、大工が家や家具を傷つけてしまうことがないようにと１９３４年に考案され、これも特許を申請します。この隠しリベットは、リゾルトの７１１（40ページ）にも採用しています。この隠しリベット採用のタイミングに合わせるように、後ろ右ポケットに赤いタブが縫いつけられたともいわれています。

リーバイス５０１とリゾルト７１０

リーバイスは１９６６年に隠しリベットからリベット自体を取り去り、「バータック」という棒状の補強縫製（閂《かんぬき》）を採用します。リゾルトの主力モデル７１０のモデルである、「66モデル」（ビッグＥ）のディテールのはじまりです。リーバイス５０１ＸＸは、いよいよこのタイミングで「作業着」から「ファッションアイテム」に切り替わったと

閂（かんぬき）

いえるでしょう。

ジーパンはこうやって生まれました。

リーバイスの５０１に採用された、当時の測り方で９オンスの分厚い藍染めのデニム生地、リベット、前の開口部のボタンフライ、後ろのポケットのアーキュエイト・ステッチ、ツーホース・マーク、後ろ右ポケットの赤タブ――これらのシンボルは百年以上前から基本的には大きく変わっていない。百年以上前に完成していたともいえる。

ただ、初期のディテールが採用されて、オリジナルに近い作り方だったのは１９５０年代後半くらいまで。私は本書の「はじめに」で、ジーパンには高度経済成長期に大量生産される工業製品という側面があると書きました。その過程で、たとえば先に述べた隠しリベットからリベット自体が取り去られていったように、いくつかのディテールが省略されていきました。ディテールだけではなく、生地の雰囲気も変わっていく。

だから、私にとっての良き時代の５０１は、１９５０年代後半から、１９６０年代、赤タブのLEVI'S（現在はLevi's）が大文字の「Ｅ」の通称「ビッグＥ」の時代までかなと思っています。

１９９０年以降、日本ではレプリカジーンズ・ブームが起こりますが、当時のブームはファッションアイテムになる前のアメリカの作業着スタイルがベースになっています。古き良きアメリカの労働者たちが愛用していた太めのＸＸに、ワークブーツを合わせて履く、というようなスタイルです。フルカウントやエヴィスジーンズといったメーカーは、そんなＸＸの古着コレクター的な感覚を大切にしています。

「年代が古いほどすごい。綿糸で縫うてるからよく糸が切れる。革パッチもバーンと取れたりする。生地も薄くてすぐボロボロになるが、それも味の一つ」

といった感覚でしょうか。

同じジーパンでも、見方は人それぞれ。メーカーによってもどう捉えるかによって、こだわるポイントが変わってくる。

私は、アメリカのアイビー・リーガーたちが愛した５０１がベースになっているんです。「アイビー・リーグ」とは、アメリカ北東部の有名私立大学の総称です。ブラウン大学、コロンビア大学、コーネル大学、ダートマス大学、ハーバード大学、ペンシルベニア大学、プリンストン大学、イェール大学の八つの大学で、その伝統校へ通う優秀でいいところのお坊ちゃん学生たちを「アイビー・リーガー」と呼びます。

ここで少しだけアメリカのファッションの歴史を振り返ってみましょう。

１９５０年代のアメリカは、若者たちのファッションが大きく花開いた時期でした。

たとえば、ライダースジャケットを羽織ったバイカーズファッションやエルビス・プレスリーに代表されるロックンロールがベースになったロカビリーファッション。映画『理由なき反抗』のジェームズ・ディーンなどが、当時の象徴かもしれません。カウンターカルチャーとして、大人の作った権威に屈することのない若者たちのスタイルです。

一方で、当時、有名私立大学に通う学生たちは、いわゆる「ぼんぼん」。「良家の子女」です。バイカーズやロカビリーとはまったく異なり、ブルックスブラザーズのスーツや紺の三つボタンブレザー、ボタンダウンシャツ、コットンパンツ、ローファーといった上品なスタイルを好んでいました。

もちろんエリート学生たちが、普段からそういったスーツやブレザーを必ず着ていたわけではなかった。ここで1冊の本を紹介したいと思います。それは、かつて日本のアイビーのバイブルと言われた『TAKE IVY』という写真集で、１９６５年に発行されています。

これはアイビー・リーグの各大学を、くろすとしゆきさんたち日本の取材スタッフが密着撮影したもので、私はこの写真集を開いては、「ズボンの丈はこれくらいなのか」「バミューダショーツはこうやって合わせるのか」「こんなスニーカー履いてるのか」といったことを目を皿のようにしてチェックしていたわけです。

実は、『TAKE IVY』にはジーパンを穿いた学生の写真はあまり掲載されていないのですが、１枚だけ、ジャケットを着てローファーに濃いめのジーパンを合わせて自転車を押している学生の写真が大きく掲載されています。このコーディネートは、労働者たちがワークブーツにジーパンを合わせるスタイルとはまったく異なります。あくまで品よく、知的なジーパンの着こなしです。

こういうたった1枚の写真から、私たちは「アメリカのアイビー・リーガーたちは、こうやってジーパンを合わせるのか」と想像力をたくましくさせていた。

日本では１９６０年代を中心に、本格的なアイビーブームが到来します。詳しくは第3章でお話ししますが、１９５６年生まれの私は、中学～高校の多感な時期をアイビーとともに過ごしたというわけです。

やっぱり作業着ではなく、「ボタンダウンシャツにローファー」というのが私の基本なんです。

「66モデル」についてとくに思うこと

一般的に「66モデル」と呼ばれている「ある時代のリーバイス５０１」について補足しておきましょう。

ジーパンを扱うユーズドの業界では、１９７３年から78年頃の５０１を前期、78年以降赤ミミ（セルビッジ）がなくなるまでのものを後期と分けていますが、私は５０１が作業着からファッションアイテムへ進化してきてシルエットが細身になった60年代初頭からのものが66モデルの原型だと思っています。ちょうど生地が丈夫になって、これはジージャンの新しいサードモデル（５５７）にも使われるのですね。パッチに「Every Garment Guaranteed」の表記がなくなったのもこの時代です。

西海岸のアイテムだったリーバイスは、「THE ORIGINAL BLUE JEANS」と表記しだし、売れに売れて工場も一気に増えた。腰のパッチも収縮変色したり取れやすかった革製から紙製へと変わりました。61年から続々と登場するピケやサテン地のホワイト・リーバイスシリーズとともに、東海岸の学生に好まれだしたのもこの頃です。

１９６６年、リーバイスは、店頭に並ぶ新品のヒップポケットにつけられるフラッシャー（紙のラベル）に、

「Levi's America's original jeans」

と、初めて「ジーンズ」と表記するのですが、その下に「©1966」とコピーライトが書かれている。このタイミングで、バックポケットのコンシールド・リベット（隠しリ

ベット）がなくなって、バータックに革新されました。

それがあって販売時にアイキャッチとなるフラッシャーも新しくデザインされた。ラベルからＸＸ表記がなくなるのもこの頃ですが、販売される際にそのフラッシャーがついていた５０１のことを「66モデル」と称するようになったのだと思います。

またリーバイスのロゴに表記されるスペルの「Ｅ」が「ｅ」に変更され、ポケットの赤タブも「ビッグＥ」が「スモールｅ」に変わるのが１９７１年頃です。60年代初頭からの５０１のシルエットは洗練された細身のもので、私は「ビッグＥ」も「スモールｅ」もよく穿いていましたが、それを合わせて「66モデル」と称してもよいかと思っています。

ジーパンのつくりはアメリカ合理主義そのもの

ジーパンは工業製品であると何度か述べてきました。

このリゾルト７１０をバラバラにしたポスター写真を見てください。

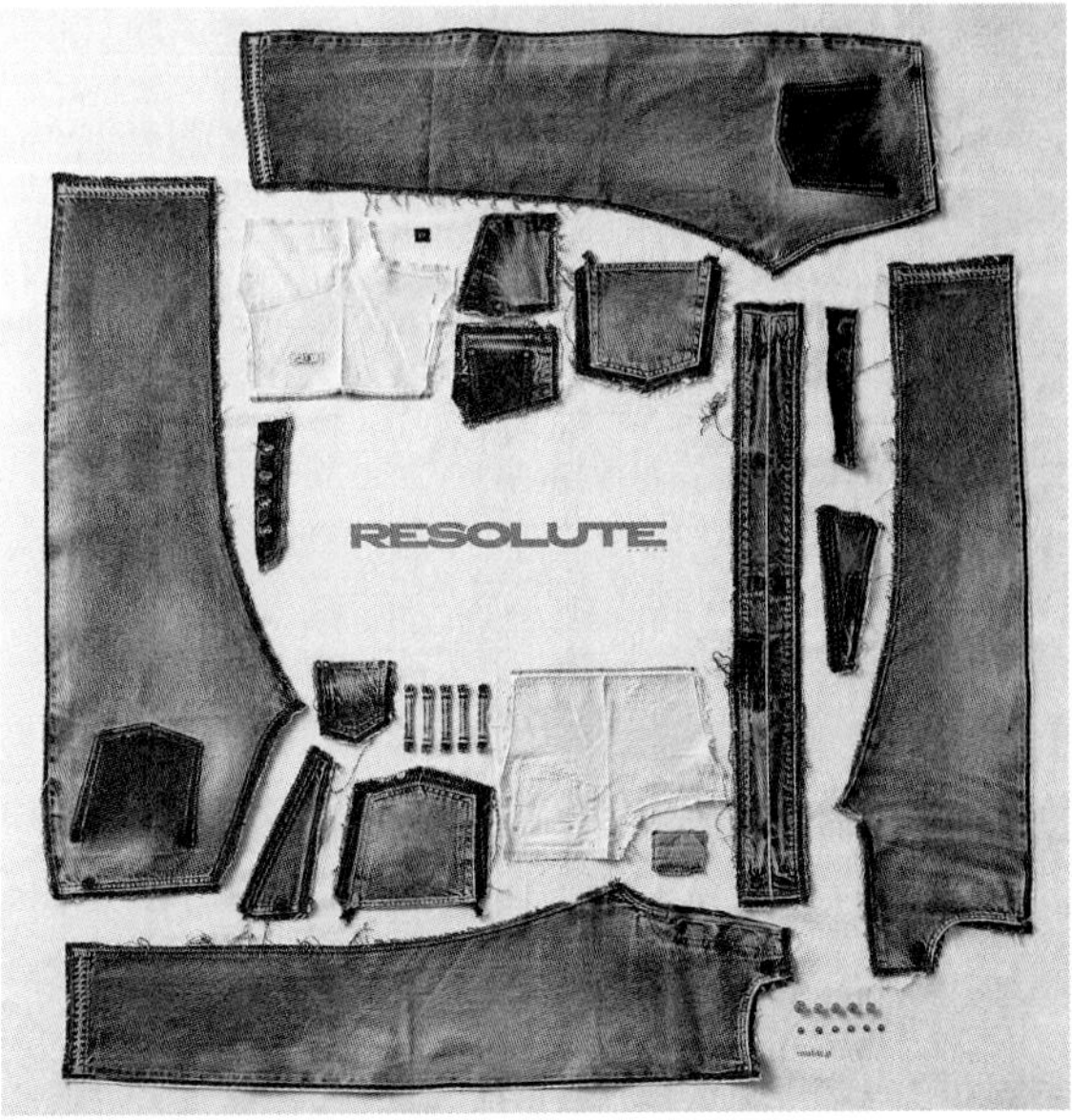

バラバラにしたリゾルト７１０

中でも最も大きな面積を占めるのが上下左右の4枚。その生地の端の部分がジーパンの「ミミ（セルビッジ）」と呼ばれる箇所で、ギリギリまで使用してもほつれないように補強してあります。生地を目一杯使った、とても合理的なつくりだと思いませんか？とにかく無駄を省いている。アメリカの合理主義が、このポスターからもうかがえます。

ジーパンの工業製品としての性格は、リベットとボタンを見てもよくわかるでしょう。

リゾルトはリベットとボタンをＹＫＫさん（ＹＫＫスナップファスナー）にお願いしています。ＹＫＫさんは、２０００年にアメリカのスコービル社というメーカーの日本合弁会社を吸収合併しました。スコービル社は、アメリカで百年以上もリーバイスなどのジーパンメーカーに納入していたメーカーです。

リゾルトの場合、７１０は合計六つ、７１１はそれに加えて後ろポケットの両サイドに計四つ使うので合計十のリベットを打ちます。リベット一つで大体15円で、最低ロットは４０００個。スコービル社のリベットは安くはありませんが、大阪のジーパンメーカーはほぼスコービル社のものを使っているはずです。

リベットは真鍮《しんちゅう》（銅と亜鉛の合金）に銅色のメッキ処理をしています。裏側の留め具を「脚」というのですが、脚はアルミです。リベットもボタンも完全に工業製品で、ＹＫＫさんの営業担当に聞くと、工場で金属の板をガチャガチャやって作っているそうです。アパレルの中では特殊な工程ですね。

求められるのは素材やデザインではなくあくまで機能です。リベットやボタンはちゃんと留まって外れてはいけない。壊れてもいけないし、固くてはめにくいのもダメ。もちろんこだわっているポイントもあるにはある。かつてＰＬ法（製造物責任法）が施行された１９９５年頃、尖っていると危ないということでリベットの形状が丸くなったことがありました。

私がドゥニームをやっていた頃ですが、いきなりボテッと丸くなったリベットが納品されたのを見て、「こんなんはあかん。元に戻してくれ」と言ったことがあります。丸くなったといってもごくわずかなもの。おそらく一般の人は気づかないレベルですし、ジーパンマニアの方でも「なんか違う」くらいの違いです。

それでも、やっぱり違うもんは違うんです。コンマ数ミリの違いで丸くなっただけで、立体感が消えて、しょぼくなる。メーカーのＹＫＫさんからすると、細かすぎる要求だったのかもしれません。

でも、私がジーパンを作るうえでこだわってきたことは、このレベルの細かさなのです。

見る人が見ても気づかない。並べてみて比較して、さらに凝視して、ようやく「なんか違う？」ということがわかるかわからないかというレベル。糸も、生地も、縫製も、洗いも、そしてこのリベット一つとっても、そのような微調整に微調整を重ねて1本のジーパンが完成している。そして調整する時は、必ず工場の現場の職人さんの声に耳を傾けて、相談して、「こうしましょか」とやるんです。

そういう意味でも、やっぱりジーパンは工業製品だな、と思います。ジーパンはファッションアイテムの持つ感性と、カメラや自動車のような工業製品の持つ合理性のあわいの部分がいいんです。

もちろんお客さんには、こういうことをわかってもらう必要はまったくなく、ただただ「いいジーパンやな」と穿いてもらったらいいんですけどね（笑）。

2　戦後日本ジーパン史

日本のジーパン第1号

ここからは日本のジーパンの歴史についてお話ししていきます。

アメリカでは労働者の「作業着」としてジーパンが生まれたことは先に述べました。建築現場、炭鉱、鉄道や道路工事の労働者、工場の工員からカウボーイまで、あらゆる肉体労働者のための服、それがジーパンだったんです。

一方、日本では「作業着」ではなく「ファッションアイテム」として、独自の進化を遂げていきます。

たしかに、日本の建築現場でジーパンを穿いている人はほとんど見かけたことがない。作業着メーカーの力が強くて、業界団体が圧力をかけたから、「ジーパン穿いて現場に来たらダメですよ」ということになった、という噂話があるくらいです（笑）。

第2次世界大戦後、占領下の日本でアメリカ兵（GI）たちがジーパン（Gパン）を穿いていた。同じ頃、アメリカ軍のPX（post exchange）と呼ばれる売店の放出品として、民間業者に払い下げられた物の中にジーパンがあったそうです。諸説ありますが、それを上野御徒町のアメ横にあったマルセル（現在は江東区へ移転）という店が「Gパン」として売り出した。敗戦間もない頃、インフレによる物不足、そしてアメリカへの憧れもあり、ジーパンは一気に人気アイテムとなったそうです。分厚い綿100%の生地は非常に丈夫で、実用的な面も人気の理由だったと想像できます。ジーパンを専門に扱う「ジーンズショップ」の原型もこの頃できたようです。

岡山県倉敷市児島に、国産のジーパン生産の先駆けとして知られる「ビッグジョン(BIG JOHN)」というメーカーがあります。児島は、作業服や学生服といった「制服」の全国最大の生産量を誇る地域で、ビッグジョンも当時はマルオ被服という名前の学生服メーカーでした。そのマルオ被服の柏野静夫さんという社員が、アメ横のマルセルから中古ジーパンを仕入れて、中白のデニムの糸や、縫う箇所によって糸の番手が違うことなどを分析していたそうです（『日本ジーンズ物語』）。私はドゥニーム時代にリーバイスＸＸを分解して研究したのですが、それと同じことを当時のメーカーもやっていたというわけです。

このマルオ被服は１９５８年にジーンズの輸入・受託生産を始め、１９６５年に輸入デニムを縫製した国産第1号のジーパン「キャントン（CANTON）」を発売します。このあたりの経緯については諸説ありますが、大石貿易という商社が、アメリカの名門キャントンコットンミルズ社のデニム生地と商標を持ち込み、マルオ被服が生産を請け負い、ジーパンに縫製し「キャントン」として世に出した、ということのようです。

先のマルオ被服の柏野さんは『日本ジーンズ物語』の中で、そのキャントンの生地についてのエピソードを披露しています。キャントンの生地は14・5オンスほどもあり、学生服メーカーとして縫製のノウハウはあったものの歯が立たなかった。ミシンの針を変えたり改造したりしてもダメで、結局アメリカの名門工業ミシンメーカーであるユニオンスペシャル社の中古ミシンを輸入しなくてはならなかったそうです。余談ですが、現在でも裾上げにこだわるショップは、このユニオンスペシャル社のミシンを使ってチェーンステッチで仕上げることが多いですね。下糸が環状になるので、雰囲気のあるアタリが出るからです。

ちなみに、この「オンス」とは、1ヤード（約91・44センチ）の正方形の生地を秤で計った重さ。リゾルトの場合、710は13・75オンスで711は13・13オンス。どちらも経糸は同じですが、711の緯糸は番手が細く、生地としても軽さが出ています。

マルオ被服は、その後、リーバイスに生地を提供していたメーカー、コーンミルズ社から生地を直接輸入します。先のキャントンの縫製の経験を活かして、1967年に自身の国産ブランド「ビッグジョン」を立ち上げるのです。

サントリー（創業者鳥井信治郎の「トリイ」）やブリヂストン（創業者石橋正二郎の「石橋」を英語に）のように創業者の名前を使った社名がありますが、ビッグジョンも同じような発想で名付けられました。創業者は尾崎小太郎という名前。その小太郎を無理やり英字にして、「リトルジョン」。「小」ではなく「大」のほうがいいだろうと、「ビッグジョン」にしたのだとか。一方で、大石貿易は商標権の関係からキャントンの名前を破棄し、「ビッグストーン」というブランドを立ち上げる。もうおわかりですね。「大石＝ビッグストーン」ということです。昭和40年代あたりらしい逸話です。

カイハラと坂本デニムがロープ染色を開発

第1章で、大阪の生地卸問屋の「藤原」にいた鶴田裕彦さんをご紹介しましたが、その鶴田さんから、よくこの日本のジーパン黎明期ともいうべき時代についての話も伺いました。

岡山県の児島は現在、「日本のジーパン発祥の地」と言われることがありますが、それは先のビッグジョンやキャントンがあったから。1955年生まれの鶴田さんが先輩たちから聞いたところでは、1965年にキャントンの生地を輸入し、次いでコーンミルズの生地を扱うようになったあたりで、「日本でジーパンの生地を作ることはできないか」という機運が高まってきたそうです。

ジーパンの生地であるデニムの一番の特徴である「色落ち」。これはデニムの経糸の紺色の糸の表面が摩滅して、染まっていない中心の白い部分が現れることによって生まれます。先ほど「中白」という言葉を使いましたが、糸の芯の部分が白いということです。

日本でデニム生地を作るためには、まずはこの中白の糸を作らなくてはいけない。先の鶴田さんがいた生地卸問屋「藤原」はユニチカの系列会社だったカイハラと一緒に、中白の糸の開発に挑んでいきます。一方、現在、デニム生地のトップメーカーであるクラボウ（倉敷紡績）は坂本デニムという会社と組んで開発を進めます。

このカイハラと坂本デニムは、どちらも広島県福山市を拠点としています。福山市は江戸時代から続く文様を表す織物、備《びん》後《ご》絣《がすり》の産地です。カイハラは元々、手織正藍染《しょうあいぞめ》絣を製造し「マルス」という商標を掲げていた機屋ですし、坂本デニムも絣の藍染めの資料館を設立するなど、今なおその伝統的な技術を後世に伝えようとしています。

絣の製造過程では、糸を芯まで染める「綛《かせ》染《ぞ》め」という手法を用いていたのですが、これをデニムに応用すると中白にはなりません。どうすればいいのか。カイハラの3代目社長・貝原定治氏は研究を重ね、アメリカでは糸をロープのように束ねて染色（ロープ染色）しているという情報を得る。そして、１９５４年に独自に開発していた「液中絞り」という絣製造の技術を応用することを考えます。液中絞りについては、定治氏を間近に見ていた４代目社長（現会長）・良治氏が中国新聞の取材（２０１８年10月19日朝刊）に、次のように答えています。

「水の中でタオルを絞り、揚げてみてください。表面に水は付いているけど、中にはあまり残ってないですね。これが液中絞りの仕組みです。この機械ができる前、手作業で糸を染料に漬け、揚げた後で絞っていました。かなりの重労働ですよ。染料は空気に触れると酸化して変色するので補充しなくてはいけません。液中で絞ると染料の消費量が大きく減らせます。特許を取り、愛媛、福岡県など他の絣産地にも売りました」

定治氏はこの原理を活かして、ロープ染色機の開発に挑戦したのです。完成したのは１９７０年のこと。日本初のロープ染色機の完成までには、実に７カ月の時間がかかった。資金不足のため、染色機は工場の鉄骨の梁と一体だったとか。ともあれ、そこから本格的なデニム生地製造の足がかりを得たのです。

初のロープ染色機の誕生によって日本初のデニム生地の生産が可能になったとあり、

生地メーカーや紡績会社からの注文が殺到。翌71年にはジーパン約30万本もの注文になったそうです。

そして、１９７３年。ついにはアメリカのリーバイスから生地のオーダーが入る。カイハラは世界的なデニム生地メーカーとなりました。

日本のジーパンの生地は、このようにして生まれたのです。

糸の話――「リング精紡」と「空気精紡」

日本独自のロープ染色機によって「中白」の糸ができ、日本のジーパンの基礎が固まったところで、糸を染める染料、インディゴブルーについてもご説明しておきます。

インディゴは繊維を青く染める染料の成分です。古代から、植物由来の天然インディゴで染められた衣料は貴重なものでした。日本では先に挙げた広島県福山市のカイハラ、そして坂本デニムのように、蓼藍《たであい》のインディゴ成分を使って藍染めをしていた。

このインディゴですが、１８８３年、ドイツの化学者アドルフ・フォン・バイヤーによって化学構造式が明らかにされ、初めて化学的に合成されます（バイヤーは、合成インディゴに関する研究で1905年のノーベル化学賞を受賞）。

そして、1897年にドイツの化学メーカーBASFによって生産されるようになった合成インディゴは、一気に世界に広がります。リーバイスが世界初のジーパンを作ったのが1870年代。501が大量生産されるようになったのとほぼ同じタイミングだといっていいかもしれません。

その合成インディゴを使ってロープ染色機で中白に染められた糸が、デニム生地に織られて日本のジーパンになるのです。糸に関しては、ユニチカやクラボウといった大手紡績企業が素材となる糸を開発し、カイハラと坂本デニムに染めに出す。この二社は染色についての専門工場としての役割を担い、福山で染められた糸は、ほど近い岡山県井原市で織られる。地場の小さな機屋さんばかりですが、江戸時代に綿花の栽培が盛んになり、藍染織物の産地となった場所です。

明治、大正時代には、「備中小倉織」といった厚地藍染織物が大量生産されるようになります。その織物には、表面が藍、裏面が白の「裏白」というものがあった。これがまさにデニムと同じような織物で、そのノウハウを使って本格的に国産デニムを織るようになった。

　１９７０年初頭は、岡山地区だけではなく東京のエドウイン（EDWIN）などジーパンメーカーがたくさん出てきた時代です。そして、そのジーパンを売る三信衣料などのアメリカ衣料店、ジーパン屋が街にどんどんできてくる。そこで働くのはいわゆるヒッピーなど、髪の毛を伸ばして就職しなかった連中ですね。

　１９７３年にはクラボウが、ＫＤ８（KURABO DENIM KD-8）という品番のデニム生地を世に出すのですが、それがメイド・イン・ジャパンのジーパンの最もポピュラーな生地になるんです。クラボウで紡績した糸を、福山の染色工場の坂本デニムに出して中白の糸に染める。それを井原の機工場で織って自社のデニムに仕上げる。そうしてでき上がったら生地問屋に卸して、アパレル企業が服を作る、という流れですね。

　先の鶴田さんがいた大阪の生地卸問屋「藤原」は、カイハラから直接デニムを仕入れていたそうです。当初は、ユニチカが糸を出してカイハラが染めるという流れでしたが、カイハラは１９７８年広島県三次市に新しい工場を構えて、自社で織りまで生産するようになります。「ユニチカは販売はほとんどやらなかったから、そのデニムを担いで僕らが売りに行っとった」と鶴田さんは言います。

ジーパンの糸についてももう少し詳しくお話しします。ジーパンのデニムのための綿糸は、「リング精紡」と「空気精紡」という二つの工法があります。

クラボウやユニチカの紡績工場では「リング精紡」で糸を生産します。伝統的な工法で、粗糸を細くのばして撚って、ボビンに巻き取って、糸にするやり方です。

一方で、空気精紡とは、ドラムで綿を回転させながら空気の渦で瞬間的に撚ることで糸にする工法です。リング精紡は長くてきれいな繊維じゃないと撚れませんが、空気精紡は短い繊維であっても糸にすることができ、生産性が高く、コストパフォーマンスもいい。

ただし、空気精紡の糸は製法上、引き裂きに弱いのです。本来、作業着であるデニムは強いのが当たり前。だからリング精紡の糸を使う。リーバイスが１９７０年代に「リング糸しか使わない」とこだわりを見せたのはそういう理由からです。

日本のジーパンも、リング精紡で作った糸をロープ染色する方法で作られてきたのですが、1970年代後半以降、低コストの空気精紡の糸に傾いてきた。ジーパンにも合理性が求められるようになっていったということでしょうか。

空気精紡の糸は、ロープ染色した際に染料が入りにくいという特徴もあります。先ほど説明したように、空気の力を使って瞬間的にグッとねじることで撚る。インディゴ染料は粒子ですから、そのようなきつい撚り方をした糸には入っていきにくいのです。つまりは、より中白になるということ。

色落ちしたら、よりきれいなブルーになるのではないか——。そう考えて、いろんな新しい技術を使ってデニムを作ってみたものの、空気精紡の糸は風合いが硬くなり色落ちが不自然になってしまい、実現しなかったとのことです。

ヴィンテージ・ジーンズへの移行

鶴田さんからは他にもおもしろい話を聞いたことがあります。

1970年代、日本の紡績会社が目指していたのは、品質にバラつきがなく、生産性が高く、かつ安い糸だった。日本の繊維業界の技術力は高く、世界でも高い評価を得ていました。

カイハラと大阪の生地問屋の藤原が開発していたデニムの試験反（テスト用の生地）は、年間２００品種にのぼることもあったそうですが、１９８０年代になって出てきたのが「ムラ糸」と「セルビッジ」という新しい考え方の生地でした。

私は鶴田さんと、それまで世界的に注目されていたヨーロッパ系ブランドのリベルト、シピー、その少し後のシェビニオンやシャツ屋だったリプレイとか、イタリアン・ジーニアスグループとか、そのあたりの生地が今までの日本のデニムとどう違うかをいろいろ調べて作りました。ディーゼルがジーンズを作り出したのもその頃です。

私たちはそこから次のステップに入ります。きれいでサラッとしたジーパンではなく、昔の「ヴィンテージ系」のジーパンを目指すことができないか。当時の日本は、まっすぐの糸で均一の生地を作り、製品のムラをなくすように紡績業が発展してきた。品質にバラつきがなく、かつ低コストで生産量を増やすことが至上命題だったのですが、そこから逆行するように、均質的ではない、きれいなものではない、つまりダメな糸、ダメな生地を求めるようになったということです。

鶴田さんによると、大阪アメリカ村の田垣繁晴さんが立ち上げた「ステュディオ・ダ・ルチザン」、そして私が立ち上げるドゥニームが、いち早く「ムラ糸」「セルビッジ」の方向に動いていったとのことです。たしかに私も「まっすぐじゃない糸が作りたい」と思い、1950年代の501XXを意識するようになった。当時のアメリカの精紡技術、染色技術は今と比べると当然劣っていたけれど、敢えてその時代のデニムを開発したいということです。

リベルトなどきれいなブルーのヨーロッパ系のデニムにはもう満足できない、という気分。これが1990年代に爆発する、ヴィンテージ・ブームとレプリカジーンズ・ブームにつながるのです。

3　最前線を走り続ける、日本のジーパン

洗って売る

ここまでは、日本のジーパンの歴史をざっとご説明しました。

日本のジーパンは米軍の払い下げをアメ横で売ったことから始まりました。払い下げの中古のジーパンは、店頭に出す前に洗わなければいけません。

たとえば、日本のジーパンメーカーのエドウインは、そもそも米軍払い下げ衣料品を扱っていた常見米八商店をルーツとしています。常見米八商店は、アメ横にほど近い日暮里で中古ジーパンを洗い、補修をして、アメ横のお店に卸していたそうです。

関西では、神戸の元町通5丁目商店街の「サトーブラザーズ」というミリタリーウェアや水筒、鍋までさまざまな軍用品を扱うショップがあった。私もかろうじて覚えてい

るのですが、「米軍払い下げ」という看板を掲げた店で、ミリタリーウェアと一緒にジーパンが並べられて売られていた。

そういう払い下げ品だったり中古品だったりが日本のジーパンの元祖なんです。つまりすでに着古されていて生地が柔らかいのが、日本人にとっては当たり前だった。

だからサラ（新品）のジーパンの生のデニムは、ゴワゴワして硬くて穿きにくい。

そういう理由で、国産デニムを使ったジーパンは、当初売れなかったそうです。誰も買わない。だったらどうすればよいのか、当時のメーカーは悩んだ。

当時のビッグジョンの柏野静夫さんは、『日本ジーンズ物語』の中で、

「日本人の肌は非常に繊細な感覚を持っていますからね。新品では売れないんですわ。ごわごわし過ぎているんです。何か良い方法はないかと社員に指示して洗濯機に突っ込んで洗ってみたんですね。なかなか中古の感覚が出ないけれども固いよりはちょっと柔らかくなってね、それを持って売りに出る。それでも中古のジーンズは10本や20本は売れるのに、うちの商品が１本か２本しか売れないような時代ですわ。１９６５（昭和40）年くらいのことです」

と当時の苦労を語っています。

そしてビッグジョンは「オフロに入って洗ってください」という宣伝を打った。そして本社のある児島地区で洗い工場を探して、「洗い」すなわち洗濯を頼むようになる。鶴田さんからは、「ニッセン」という洗い工場が早かったはずだと聞いたことがあります。前掲の『日本ジーンズ物語』でも、

「通常のクリーニングでは、洗って、プレスして、糊付けして、それを袋に入れてお客様に渡すわけですね。それで15円しか取れない。ジーンズは洗うだけで倍の30円出すと言うと、『ほんまかいな』と言われました」

という記述があります。こういうエピソードがあるくらい、日本のジーパンにとって「洗い」は大切な工程です。場合によっては柔軟剤を入れて日本人がすぐ穿けるように柔らかいものにして出しましょうと。ジーパンの世界で「ワンウォッシュ」といわれているのがそれです。

日本人は、その「洗い」をさらに追求して「加工」に昇華させます。たとえば「ストーンウォッシュ」という技術が生まれたのも、児島地区の洗い工場の延長線上になりま

す。ビッグジョンの柏野静夫さんは、

「ジーンズで私たちが自慢したいのは『洗い加工』ですね。（中略）世界でジーンズを洗い始めたのは我々の功績じゃないかなあ」

と述べている。児島地区だけでも専門の洗濯加工業者が十数社あり、東京と厚木にも数社、現在では海外（中国）にもできています。

「洗い」から「加工」へ

先ほど触れた「ストーンウォッシュ」ですが、これは石を入れて洗って柔らかくする加工技術のことです。石を丸くしたり、三角にしたり、軽石や砥石を使ったり、はたまたゴルフボールまで使ったりもしますが、技術的にはヨーロッパもすごかった。先ほども触れたリベルトとかディーゼルといったブランドです。硬くない砂っぽいイタリアの軽石がストーンウォッシュにいいということで、日本でもイタリアから石を輸入したところがあります。

ストーンウォッシュに続いて、1986年頃からはブリーチ加工の「ケミカルウォッシュ」の時代になるのですが、日本のジーパンは「洗い」を追求し、デニムの生地は柔らかく穿きやすいものに進化してきました。その揺り戻しなのか、1990年代のヴィンテージ・ブーム、レプリカジーンズ・ブームの時代には硬くてゴワゴワしたジーパンが求められるようになりました。

たとえば私がやっていたドゥニームでは、洗いをかけておらず糊がついたままの「リジッド」という状態のジーパンを買って、自分で洗って穿くお客さんがたくさんいました。乾燥機にかけるとねじれて縮むのですが、それも味の一つとして捉えてもらっていた。糊がついたままの状態で洗わずに穿いて、「ジーパンを育てる」という言い方をするファンも多かったです。

『カフェ・ブリュ』ジャケット

　スタイル・カウンシル時代のポール・ウェラーが、1984年のアルバム『カフェ・ブリュ』のジャケットで、アクアスキュータムのステンカラーコートに色の濃いリジッドジーンズを、裾を折って穿いていましたが、あのようなイメージです。ドゥニームの時代、90年代になってからもリジッドが売れていた。

本家本元のリーバイスは、ずっとリジッドの状態で売ることが基本でしたが、日本のレプリカジーンズ・ブームは想像以上に長く続いた。リゾルトを立ち上げたのは２０１０年ですが、その頃もレプリカジーンズをリジッドで買って、育てる人は多かったんです。で、みんな洗わんと穿くから、汗で繊維が酸化する。酸化すると破れやすくなるんですが、メーカー側は「きちんと洗いなさい」というメッセージは出さなかったですよね。私はドゥニーム時代から今に至るまで、とにかく汚いからきちんと洗いなさい、とずっと言い続けてますけど（笑）。

今はいわゆる「ダメージ」加工のジーパンも多いですよね。こすって洗ってこすって洗って、ヒゲもつけて、破ってみて叩いて、といった加工をする。さらにはレーザーを使ってヒゲやアタリをつける加工もやる。

今、人気のウエアハウスの古着加工デニム「セカンドハンドシリーズ（通称セコハン」は、14オンスのデニムではなく12オンスの少し薄いデニムを使っているそうです。理由は、レーザー加工の際に白く色が抜けないから。レプリカジーンズ・ブームはさらに進化して、これまでとは逆の発想の工夫が生まれているということです。

このような古着加工やダメージ加工のジーパンは、それはそれで新しいカテゴリーではありますが、やっぱりリジッドから穿くのと比べると耐久性は劣る。

でも、毎日スーツで通勤するような人、毎日ジーパンを穿くことができない人も、早くサックスブルーに色の落ちたジーパンを穿きたいでしょう。だから加工されたジーパンが売れる。

ただ、そういうジーパンは私が追求する「自分の体型に合ったジーパン」ではない。膝の位置もヒゲの位置も、自分で穿いたものとは微妙に違ってくる。だから、リゾルトを一からきちっと穿いた経験のある人は、そういう加工ジーパンは「なんか違う」と思われるかもしれません。

一方で、日本のジーパンの加工技術は、今ではルイ・ヴィトンやディオールなどのハイファッションの世界からも注目され、実際に加工を担当している工場もあります。

元々は戦後アメリカ軍の払い下げから始まった日本のジーパンですが、今や世界で通用するブランドの一つになったといっていいでしょう。デニム生地も、縫製も日本が一番の時代です。今はファストファッションからハイブランドまでさまざまなメーカー、ブランドがジーパンを作っている。そして、その生産もジーンズが生まれたアメリカから遠く離れたベトナムやトルコ、中国にまで広がっている。

それでもジーンズの世界では、未だ「メイド・イン・ジャパン」という輝きがあるんです。

第 3 章

私がジーパンづくりに魅せられた理由

1　アイビーが教えてくれた

ジーパンはファッションではない

私がどうしてジーパンを作ろうと思ったか。

ひと言で説明すると、ジーパンはファッションじゃないからです。

ファッションの世界は、デザイナーにしろパタンナーにしろ、やっぱりファッション専門学校を出てるヤツが強い。自分のように普通の大学の商経学部商学科卒の人間が、「服を作ろう」と思ったら、あんまりスタイルやデザインが変わらないジャンルのものがいい。

「一つのことだけを追求したらイケるのがジーパンや」

そう思ったんです。

ファッションデザイナーだったら、「シルエットを絞って」とか「襟をこうしよう」とかいろいろあるけど、ジーパンを作る自分にとっては関係ない。

忠実に「ジーパンらしいジーパン」を作ること。

あとはそれをちょっとだけ太くするとか細くするとかといったことだけ。あたらしいデザインを発想する、というものではないんです。

普通のデザイナーが服を作る場合、あらかじめ「生地屋」というのがあって、いろいろな素材や織りや柄などのバリエーションをいっぱい持ってくる。その人の生地の審美眼やモードのセンスうんぬん以前に、数え切れないほどのチョイスが用意されている。

けれどもジーパンを作る私は、「ジーパンの生地」を自分で研究して、1種類のデニム生地を作り出せればいいんです。

「変えない」という哲学

下はジーパンばかり穿いている自分が着ているものにしても、ジャケットは流行に合わせてラペル（下襟）の形や位置が変わったりするけど、シャツは流行によって襟がなくなったりしない。

たとえば私はボタンダウンが好きだけど、形はずっとほぼ同じ。

ボタンの数は現在は七つのものが多いですが、私は六つボタンのシャツを着ることが多い。下にＴシャツを着るので、第１ボタンを開けたときに、七つだとちょっと窮屈に見える。かといって第２ボタンまでを開けるとちょっとイヤらしい。ボタンの数を六つにすると、第１ボタンだけ開けた時にちょうどいいんです。

襟もうまくカールします。最近はアメリカのインディビジュアライズドシャツというメーカーでオーダーすることが多いのですが、ボタンの数だけわがまま言って、六つボタンのボタンダウンに決めたらそれで十分。

ファッション業界やアパレル業界は、「今はもっとこういうの着ないとアカン」とか「去年のコレクションなんて流行遅れや」と煽るような傾向があるけど、私の場合、そんなものの見方には興味がありません。

もちろんジーパンにも多少のトレンドはあるけど、たとえばリゾルトの７１０という型番は、この十年間一切シルエットを変えてない。

これから変えるつもりもない。

何かをがらりと変えてしまうことはジーパンづくりの世界にそぐいません。繰り返しになるけど、ジーパンはファッションじゃない。

追求はするけど、変えないことが大事なんです。

プロの話を聞くのが仕事

日本はジーパンに関しては良いものが作れる環境が揃っています。

生地もセルビッジ付きのものを作ることができるし、それを作ってる職人さんと日本語で直接細かいところまで話して仕事を進めることもできる。より良いものを追求できる環境だと思います。

自分は「デザイナーだ」とはいっても、生地に関してのプロじゃない。プロはあくまで糸を染める工場や、古い織機を動かしたり、ミシンで縫ったりしてジーパンにして、それを洗って仕上げる職人さんなんです。

だから「私が」「自分が」という姿勢には、「そういうのはやっぱりアカンのんちゃう？」という違和感をおぼえる。

基本はいろんな工場に足を運んで、ものづくりのための関係をきちんと構築することなんです。それぞれの専門の職人さんと実際に会って、話をじっくり聞く。プロに任せるところは任せる。そして最後に「こうしましょか」と決めさせてもらう。

そういう一歩引いたスタンスがなかったら、「ペテン師」や。そう思ってます。

なぜジーパンづくりに魅せられたか。その答えは、「ジーパンはファッションやない、道具やから」というところにつきるのですが、プロフィールがわりに高校生の頃からどういうふうにジーパンを見て関わってきたかをふり返ります。関西の話が中心になるこの章の前半は、ちょっと大阪弁が強めになってしまうかもしれません（笑）。

アイビーが教えてくれた

私は１９５６年、広島県福山市生まれ。大学は近大（近畿大学）ですが、近高（近大附属広島高校）が福山にありました。そこに入ったのが１９７２年のことです。

その頃、近高は「丸刈りの坊主頭」だった。だから「カッコよくする」、あるいは「カッコよく見せる」には洋服しかないわけです。

制服も旧式の詰め襟の学生服で（現在はブレザー）、古くさい制鞄持ってヘンなビニールでできたような革靴みたいなのを履かされて、「これはカッコ悪いな」と思った。だから学生服の中にその頃流行っていたアイビー・リーガー調の「ＧＡＮＴ」や「Ｋｅｎｔ」の白いボタンダウンを着こんで、靴はアメリカントラッドのフローシャイム、時計も老舗のユニバーサル。そういうテイストでした。

近所にＶＡＮショップみたいな、今でいうトラッド系のセレクトショップがあって、そういう店で「しゃれた格好」を目指しました。

福山はヤンキー多いし、カツアゲにあったこともありました。

自分はアイビーで育ちました。アイビーやったらそれは「カッコええやんか」という思い込みです。

普通のパンツをちょっと細めにして穿く。それで「靴はやっぱり舶来やで」ということで、電車に乗って2時間ぐらいかけて神戸へ向かうのです。中心地の三宮から少し離れた元町高架下にあるメンズショップ「ミスターボンド」が目的地です。元町高架下は薄暗くて通路の狭い両側に、船員用の缶詰や洋酒類の雑貨店、中古の電化製品店とかの小さな店が並ぶ、ミナト神戸らしい闇市的ストリートで、その端にぽつんとある服屋の「ボンド」は、アメリカやヨーロッパの直輸入品を求めて大阪はもとより京都や名古屋からのファッション人間たちも足を運んでいました。

「○○はあそこに売ってる」という口コミを聞いて、「ボンド」へ買いに行くんです。それでボンドのおやじ（故・岡保典さん）に、「そもそもステンカラーのコートとは……」といった服のウンチクから、綿パンの裾のダブルの幅とか靴の磨き方まで、いろいろと聞かされるわけです。

「ボタンダウンはＶＡＮとかＫｅｎｔやない。アメリカントラッドの老舗のブルックスブラザーズ！　一生ものや」と。だまされるわけやないけど、それ買って帰る。で、家に帰って袋を開けて、「やっぱりほんまもんや。ブルックスはすごいなあ」と。

そんなもんでしょう、田舎のエエかっこしいは（笑）。

で、スニーカーはコンバースのワンスターを履いてました。ジョギングシューズなんて名前もない時代で、ズックじゃなく革のやつ。これも店で「これやで」とか言われる。けれども高校生だからおカネがない。私の家は、福山の松永という町で商売（食堂）をやってたんで「おカネちょうだい」って言うて、神戸へ行きました。「アホぼん」でしたね。

坊主頭だけどアイビースタイルはみんなの憧れで、生地がコットンのコードレーンの三つボタンスーツを着て、「倉敷のアイビースクエアで写真大会や」とみんなで撮影に行く。当時のファッション誌「メンズクラブ」（婦人画報社）で、第2章に出てきた『TAKE IVY』を編集したくろすとしゆきさんが全国のメンズクラブ読者をスナップしていた「街アイ」（街のアイビーリーガース）みたいな感じです。

やっぱりＶＡＮで育ってるから、ジーパンに関してもＶＡＮのホワイトジーンズみたいなのが最初でした。けれど頭の片隅では、先ほどのボタンダウンシャツと同じ調子で、「ジーパンも基本はアメリカ製や」と思っていたわけです。

福山にも「三信衣料」のような「アメリカ衣料店」があった。その店でリーバイスの５０１を買って帰って、「ボタンを留めるの邪魔くさいなあ」と言いながら穿いて、家の風呂に入る。その五右衛門風呂が真っ青になる。脱いで乾かしたら縮んで穿くのが苦しくなる。丈もチョンチョロ状態になった。

それでまた買いに行く。お店の人に「これ、縮んだよ」と言って。すると「これは縮むもんです」と。そこで第１章で触れた「シュリンク・トゥ・フィット」を知るわけです。ジーパンは、洗って縮めてを繰り返してサイズをフィットさせていくんだと。リゾルトでもお客さんに薦めるのはちょっとタイトめのサイズ感ですし、「どんどん洗ってください」とも伝えてる。その原点は、この五右衛門風呂の経験からです。

サーファーとジーパン

附属の近高から大阪の近畿大学へ進んだのが1975年。

「大阪はやっぱりアイビーやろ。ヴァンヂャケットの本社もあったし」と、その頃できたてのアメリカ村に行くと、すでにオシャレな連中は「今はサーファーや」と言ってた。バックプリントのTシャツや西海岸風のアロハやダンガリーのシャツに、501じゃないジーパンを穿き、おまけに長髪。いきなり「サーファー」というファッション文化が出てきたんです。まさにカルチャーショックやね。

オシャレでお金のあるサーファーは、リーバイスでも517（ブーツカット）か646（ベルボトム）を穿いてた。ちょうどダウンジャケットが流行った時代で、アロハシャツの上にそれを着る。そんなコーディネートで心斎橋を3回くらい行ったり来たりしている。

自分は髪がちょっと天然パーマ気味なので、よく「ロコ」（ハワイ人のローカルサーファー）て言われたもん。サーファーの流れでスケートボードも流行ってた。大阪から近い和歌山や伊勢とかへ、波乗りにも行きました。大阪市内は道頓堀の戎橋にあった「スポーツタカハシ」全盛の頃で、その「スポタカ」にはハワイのプロサーファーのジェリー・ロペスとかリノ・アベリラが来てました。中之島の大阪市中央公会堂では、サーフィンムービーの映写会。

実際は、格好だけはそれっぽいけど、波なんか全然乗られへん、ヘタレ（笑）。それでも、格好は西海岸を目指したわけです。

捨てられていた501

その頃はリーバイスの５１７が一番カッコよかった。６４６はラッパすぎた。裾幅が広すぎたということ。５１７だったら、短めに切ったらシュッとかわいい。合わせる靴は、トップサイダー（ケネディも愛用したといわれるデッキシューズメーカー）は高くて憧れで、月星（現・ムーンスター）の「もどき」の運動靴だった。

今の鰻谷《うなぎだに》のところに、神戸三宮でサーファーアイテムを揃えていた「レッド」の支店があって、流行りだしたレインボーサンダル（サーファーが立ち上げたカリフォルニアのサンダルメーカー）が８０００円ぐらいしていた。

でもそういうサーファーファッションは、大阪だけやったね。湘南へ行くと全然違う。スニーカー履いてる。ボタンダウンシャツやポロシャツ着た、普通の格好。

自分はリーバイス５０１を穿いていた。なぜか。カネがないから。アメリカ村には、「マイウェイ」「アワーハウス」「ギャラップ」とかの古着屋が出始めていた頃ですが、信じられないかもしれないけど、当時５０１は人気がなかったんです。

というか、５０１の古着なんて店の前に捨てられているような状態で置かれていた。積み上げられた５０１を見て、「これ何ですか？」と店員に聞くと、

「こんなんゴミや。持って帰ってエエで」

と言ってましたから。ファーストとかセカンドといったジージャンも同じカス扱いでした。

サーフボードをずらりと立て掛けて並べ、ウェットスーツとウェアを一緒に置いてい

たようなサーフショップでは、戎橋筋と御堂筋の間にあったカフェ「ホワイトプランタン」の前にイーさんという人がやっていた「カントリーサーフショップ」や、黒門市場の端の方にカジさんという人がやっていた「ウェーブ」という伝説的なショップがあった。小さな店でそれぞれアイテム数が少なかったですが、サーフボードからウェアまで、強力な店のアイデンティティがありましたね。

サーフショップはアメリカ衣料店や古着屋ではなかったけど、それらのショップでＴシャツやアロハを買うのがイケてるサーファーでした。サーファーは「潮焼けした長髪、Ｔシャツとフレアーパンツ」といったウエストコーストスタイルで、５０１を合わせるスタイルとは全然テイストが違う。

ちょうどその頃、雑誌「ＰＯＰＥＹＥ」の前身ともいえる「メイド・イン・ＵＳＡカタログ」（１９７５年、読売新聞社刊）が出た。

その表紙にバーンと５０１のイラストが使われていたんです。

そこから５０１が復活した。

それまでファッション情報は、店と友人たちの口コミだけだったところに、「メイド・イン・ＵＳＡカタログ」には、頭のてっぺんからつま先までの、アメリカの現在進行形のアイテムが大量に載ってました。アメリカの学生たちのライフスタイルやテイストが感じられるカタログで、読んだ時「これはアイビーとつながるものがあるな」と感じたんです。

「ほな、これの本物はどこに行ったらあるんやろ」と思うわけです。

ジーパンに関しては、流行りのアメリカ村の古着屋やサーフショップじゃないだろう。昔、高校生の頃、「アメリカ衣料」でリーバイスを買ったのと一緒じゃないのかなあ、と思った。

それで大阪ミナミに行ったら、売れ残りがいっぱいあった。やっぱりサーファー向けの５１７とか６４６は売れてたけど、５０１はカス扱いで安い。「誰がボタン付きのやつ穿くんや」っていう感覚だったんでしょう。

店の奥のワゴンには、古着じゃない三つに折られたカチカチの５０１がドーッて積んであって、上はスモールｅだけど下のほうにはデッドストック（新品の状態のままの在庫品）のビッグＥがあった。値段は５９００円ぐらいだったと記憶しています。

東京ではみんな５０１を穿いてたけど、あの頃はまだ５０１のデッドストックがいっぱい転がってた。街の普通のジーパン屋に、アイビーリーガーズに好まれた66モデルの前期もまだありましたからね。

今で言う「アメカジ」つながりでいうと、ワークブーツも「メイド・イン・ＵＳＡカタログ」でまた復活した。１９７６年に出た第2弾で同じように表紙のイラストで掲載されてたんです。この号では服にしても靴にしてもリアルなアメリカの「本物」が紹介されてました。そういえば3年前からヨーロッパではレッド・ウィングがブームらしいですね。それこそレプリカジーンズの頃は、みんな太めのジーンズを腰で穿いて、ワークブーツを履いていた。今のヨーロッパでは短めの丈でジーパンを穿いて、レッド・ウイングの定番アイリッシュセッターを合わせるようになってるみたいです。

ジーパンメーカー、ＵＦＯに入社

その頃は「かに道楽」の近所の堀江、道頓堀川の横のアパートに住んでいた。大学は商経学部商学科を1979年にきっちり4年で卒業して、ブラブラしてたんですが、修ちゃん（妻の修子さん）が「UFOが社員を募集してる」と新聞広告を持ってきたんです。UFOジーンズというブランドは、大阪のジーパンに特化したメーカーでしたが、ジーンズの企画だけで、その時代のカジュアル・ウェアを引っ張る影響力がありました。もっとも自分は知らなかったけど、アメリカ国旗がついているジーパンの会社だと書いてあって、受けてみたら「採用です」と。

UFOに入社して、最初1年間は倉庫係。それから営業もやるようになって、東大阪の方の担当になった。クルマでジーパン積んでお店を回るんです。

営業といっても牧歌的なもので、得意先に置いてもらっている自分とこのパンツをインチ別に「正」の字で数えて、「ここのサイズ切れてまっせ、入れまひょか」という仕事でした。当時はまだジーパンに「トレンド」なんてない時代、新しいアイテムがいっぱい出てくるわけではない。だからそのやり方でよかったんです。

秋冬のシーズンが近づくと、春夏ものをパッキンに入れて地下の倉庫に戻す。その代わりにコーデュロイなどの秋冬物を倉庫から出して、それを得意先に持っていって棚に並べるだけ。

その後、九州～中国地方の営業担当になりました。

当時、一番シャレてたのは熊本でした。

営業に回ってた店ではスタッフが、エルトン・ジョンが着ていたフローラのシャツとかを着てたし、それを店にもバーンと並べてた。熊本はとにかくインポートがすごく早かった。ペンドルトン（アメリカのウールで有名な繊維ブランド）の毛布を首に巻いて高校生が歩いてたのも覚えてる。

「アメカジ」というスタイルがまだ定着していなかった時代に、ものすごい早くてラジカルなファッションで、これはカッコええ街やと思った。白山眼鏡店も熊本で初めて見て、べっ甲柄で下がブルーのサングラスを買った。

熊本が一番で、博多はちょっと遅れてる印象だったけど、メンズのインポートもののアイテムは九州がダントツで東京より早かった。東京でスタートしたビームスにしても、京都の次は熊本に店を出していた。セレクトショップのトレンドで見ると、九州のファッションが東京へ行ったようなもんやもん。だから熊本へ行くのが好きだった。

営業は５０１を穿いてブルックスブラザーズのボタンダウンを着て回りました。中学の時買ったアメリカのローファーの定番であるバスをビカビカに磨き直して、よく履いて行きました。

九州に営業行った時も、ジーパン屋で５０１を見つけたら速攻で買って帰ってました。ど真ん中の自分のサイズ（当時は32インチ）も九州にはまだいっぱいあった。ビッグＥもよく見つかった。もう少しあとになって「ヴィンテージ・ブーム」の時代になると、東京の人らがみんな九州や沖縄に買い漁りに来てましたね。

ヨーロッパにもアメリカの影響が広がる

当時は昼は営業回り、夜は会社に戻って企画の仕事をしてました。

会社は、当時からヨーロッパに行かせてくれてました。

日本のファッションが「メイド・イン・ＵＳＡカタログ」に大きな影響を受けたように、ヨーロッパもまた日本とは違った解釈でジーパンを展開していました。

１９８０年代初め、大阪にもマハラジャに代表されるディスコブームが起こり、ディスコへ穿いていくための「ディナージーンズ」がもてはやされました。トラサルディやアルマーニ、エンリコ・コベリといったイタリアの一流ブランドのもので、ジョルジオ・アルマーニの「ＧＡ」ロゴが付いていたり、過剰な刺繍が施されていたりと、ステイタスのためのデザインが多く、あまり趣味のよいものではなかった。

一方、アメリカ本国でもカルバン・クラインが、反社会的シンボルでありヒッピー的なイメージが定着していたジーンズを堂々たるファッションアイテムに押し上げていました。女性が光沢あるブラウスに、洗練された細身の「デザイナーズジーンズ」を合わせる流れです。足元はピンヒール。そういったコーディネートを見ると、一流ホテルのドアマンも扉を開けざるを得なくなりました。

その少しあとに、ヨーロッパからシェビニオンとかシピーといった、新しいタイプのスーパーカジュアルが出てきます。フランスの前衛的なデザイナーのマリテ＋フランソワ・ジルボーによるクローズド（イタリア）が代表的です。丸っこいシルエットで裾がすぼまったペダルプッシャーは、完全なヨーロッパ・テイストのカジュアル・ジーンズですが、よく流行りました。ＵＦＯはそのテイストに注目したのです。

とにかく現地に行って、フランスやイタリアのデザイナーたちが作ったそれらのサンプルを買いまくって帰ってくる。それを丸コピーする（笑）。その頃、軽石や漂白剤を使ったウォッシュ加工のものがよく流行ってたから、「これと同じの作ろう」とか言って、いろんな加工ジーンズも作りました。

そのスーパーカジュアルの流れで、イタリアの「ディーゼル」がジーンズを作りだして、日本に進出してきた頃のことです。ＵＦＯ社長のやっさん（安田健氏）に「うちの会社で、ディーゼルやりましょう」とけしかけたのです。

ディーゼルの創業者のレンツォ・ロッソが来日した時に、通訳と一緒に六本木のホテルに押しかけて行って、「日本でのライセンスをうちとやらないか」と迫った。

半分本気でそう言ったんですが、「いやいや、それはできない」と返された。

「そんなん言うたら、おまえのところの全部丸コピーして半額で出すぞ」

と、海賊まがいの交渉になったこともありました（笑）。自分たちにはそのくらい新しいジーパンを作る技術があったのですが、今から思うとむちゃくちゃやなあ。

そのままコピーしていた時代

でも基本的にジーパンはあの時代、みんな丸コピーでした。クローズドのペダルプッシャーもよく真似しました。

UFO社長のやっさんは、地元大阪の河内松原出身で、自分より10歳か15歳ぐらい上でしたが、いろんな仕事をさせてくれました。当時ジーパンの聖地と言われた、岡山県の児島で作ったこともあった。結構高価なジーパンになってしまったけど、結構売れた。ただ当時はいわゆるカジュアルな服を売る量販店やチェーン店が出始めた頃。安いものを大量に作って売るということが求められ始めた時代です。

自分がやっていたように街のジーパン屋を一軒一軒回って商品を置いてもらうのではなく、チェーン店はドーンと一括で注文してくれる。会社としても、「もうちょっと違うライン、安いラインもせなあかん」という流れが出てきました。

そうなると、中国とかいろんな新興国で作って売ったほうが量が行くし、結果、安いほうが売れ行きもよかったですね。

仕事ではヨーロッパのモード系のジーンズのコピーをバンバン作ってたけど、自分が穿いてるのはやっぱりいい時代の５０１。

ただその５０１が１９８０年代に入ると、どんどん変わっていくのがわかった。

織機の技術革新で生地に５０１の持ち味がなくなったり、第２章で触れたようにリーバイスへ生地を供給していたコーンミルズ社も、１９８３年に29インチ幅デニム生地の生産をやめ、61インチの幅広の生地を作るようになった。その段階でセルビッジつまりミミがなくなってしまった。それによって古いジーパンの魅力の一つである、両サイドのキャタピラー状のアタリが出なくなったのです。はっきりいうと大量生産のための経済合理性の追求によって品質が落ち始めていたんです。生地も改良されて表面が滑《なめ》らかになりすぎて、ジーパン独特の味のある色落ちがなくなった。そういうリーバイスの変容を目のあたりにして、

「違う。オレは昔の５０１が作りたいんや」

そう思ってました。

理想の生地でジーパンを作りたい

そんな時、たまたまミナミのディスコで、大手アパレルメーカー「ワールド」の多田一郎さんという方に会った。もう亡くなられましたが、なんかのパーティーだったと思います。のちに私は、多田さんとワールドのオリゾンティ事業部で「ドゥニーム」を立ち上げさせてもらうことになります。

当時のワールドは、それまでの婦人服中心のラインと違った「新しい血」を入れたいと考えていたんでしょう。

その一つが世界的なトレンドになってきたジーンズでした。

それこそ昔の５０１のことや、ＵＦＯで作るヨーロッパのスーパーカジュアルではなく、自分が作ってみたい理想のジーパンのことを話しました。多田さんは「ふーん、すごいなあ」とじっくり聞いてくれました。

とくに生地、つまりデニムが重要で、ＵＦＯが組んでいる紡績会社が製造できない

「ミミ付きのデニム」の生地を新たに作りたかった。

当時、クラボウがビッグジョンなどに純国産デニムを提供していましたが、大手アパレルメーカーが発注しない限り、新しい生地を開発してくれなかった。ワールドは大手だから、私が作りたいセルビッジ付きの生地を作れるのではないか。５０１を目指すことができるのではないか。そういった私なりの理想のジーパンについてお話ししました。

多田さんと何回かお会いしたところで、

「うちに来てやったらいいよ。生地からやったらいい」

というオファーをいただいたのです。それでＵＦＯの社長、やっさんには、

「自分はやっぱり５０１を作りたいから、申し訳ないが辞めさせてほしい」

と伝えました。私がワールドのオリゾンティ事業部に入って、ドゥニームを立ち上げる前の年ですから、１９８７年のことです。

繰り返しお話ししてきましたが、ジーパンづくりは自分ひとりでは何もできない。

だから、多田さんには、信頼できる生産担当とパタンナーがほしいということは事前に相談していました。

生地手配から縫製、仕上げまでの工場の製造ラインと品質管理を主な仕事とする生産担当としてジイヤン（貝洲久明氏）と、デザイン画から型紙を起こすパタンナーの徐相順さんに、先にワールドに入ってもらった。自分はしばらく残務処理をして、最後にワールドに移りました。

2　ドゥニームという大きな一歩

そもそもジーンズとは？　デニムとは？

ワールドに入社して最初に着手したことは、ブランド名を決めることと、昔の５０１のサンプルを集めることでした。

そもそもジーンズは、サージ製の綿織物をイタリアのジェノバ（GENOVA）から船積みしてアメリカほか各国へ運んだからジーンズ（GENES）となり、その生地のサージはフランスもの。南フランスの町ニームで織られた綾織り綿布を、「サージ・ドゥ・ニーム（serge de Nimes）」といい、これがデニムの語源となった——。

それを修ちゃんから聞いて、「そうか！　ドゥニームや」と名付けました。

納得いく５０１を作るためには、生地はもちろん縫い糸からリベットまで、全部分解したうえで、研究し直さなくてはあかんなと思ってました。だからまず古い５０１をできるだけ集めて、基本的な糸染め、織りからステッチなどディテールまで、ジーパンそのものの分析を徹底的にやりました。

日本を代表する大手アパレル会社、ワールドだから資金は十分なはず。その頃ワールドはファッションタウン神戸を象徴する人工島ポートアイランドに新しい26階建ての本社ビルを建て、さらに神戸市にワールド記念ホールを寄付したり、売り上げもうなぎ上りでした。

そんな空気のなか、多田さんに「サンプル買わなあきまへんで」と言って、５０１の古着やデッドストックを手当たり次第集めました。

もう１９８７年当時、５０１ＸＸは高かった。状態の良いものだと10万円ぐらいしていた。でも最高のジーパンを作るために、サンプルとして買いまくった。東京にあるヴィンテージショップのバナナボートで、デッドストックやミントコンディション（新品同様の状態）のジーパンを、「バーンと買《こ》うとけ、行っとけ行っとけ」って（笑）。

その買いまくった５０１をことごとく、生地を開発するパートナーになったクラボウへ持っていった。

「これ、全部バラしていい。生地を切り刻んでもいい」

と言って渡してました。当時は誰もXXの糸や生地に興味なんてなかったけど、理想の生地だということを説明しながら、糸まで全部分析してもらった。糸の紡ぎ方から真ん中が染まっていない中白やインディゴのムラ染めまで。

XXの重要なディテールであるボタンも全部外して、ボタン屋に持っていって「これと同じボタン作ってくれ」という具合です。ボタンも理想的にはアメリカ製を使いたかったが、最小ロットが3桁4桁違うから叶わなかった。サンプルから採ったボタン見本をいっぱい鞄に入れて、「モリト」という東大阪の町工場に持っていった。モリトさんで新たに作ったそれは、無骨ないいボタンでした。

デッドストックの生地にハサミをバンバン入れて切り刻んで、ステッチや縫い糸は全部抜いて、糸のメーカーに「ここは何番、こんな糸、色はこれや」とわかりやすく用意して、「これと同じ糸を作ってくれ」とお願いする。当時は糸の研究用にノートを作って、さらに細かい指示書を作ったけれど、なかなか理想の糸はできなかった。ジーパンを縫うコットン１００％の太い糸はその頃、日本になかったんです。これを児島にある烏《う》城《じょう》物産が作ってくれた。結局、全部日本、それも関西でしかできなかった。

クラボウがデニム生地にする糸を紡績して、それをクラボウ経由で広島・福山の藍染めの老舗、坂本デニムでインディゴ染めする。そこで「試色」というのを作ってもらい、織る前に糸につける糊もＸＸと同じようにカチカチにつけてもらった。

旧い力織機で理想の「特ザラ」が生まれた

そのサンプルとして上がった糸をいよいよ綾織りのデニムに織るのですが、その機織りは第１章で触れた「シンヤ」に発注しました。シンヤさんは当時の社長と奥さんがいて、その上におじいちゃんがいた。結局そのおじいちゃんがヴィンテージ・ジーンズの生地を実現してくれたんですね。

そのころシンヤさんは、工場としてはもう古い力織機よりも、エアで緯糸を飛ばす新しい織機（空紡糸）のほうがはるかに効率が良いということで、その織機のほうに肩入れしていた。

一方、古い力織機のほうはおじいちゃんが管理していて、ジャパン・リーバイスの「５０１復刻モデル」をその織機で生産してました。けれどもミミは平ミミ、つまりセルビッジになってないミミだったし、きれいでお上品な生地の日本製５０１といった具合でした。古い本物の５０１ＸＸのサンプルを分析、研究し尽くして、今の時代に再現しようとしている自分たちには、これではやはりもの足りません。

自分たちはクラボウで紡績し、坂本デニムで染めた糸を、シンヤのおじいちゃんに持っていき、顔をつき合わせて、

「昔のリーバイスは洗《あろ》うたらバーンと立つようなジーパンやった。そんな硬くて立つようなん作ってくれ」

と言ったんです。そんな言い方でＸＸの特徴を表現しました。おじいちゃんはさすがに了解して、１台の機械で３日ぐらいかけて織ってくれたんです。

ずっと泊まり込みの自分たちは、ガッチャンガッチャン織ってもらってサンプルの生地が上がったら触るやいなや、

「もっと硬くしてくれ。ほんでザラを出してほしい。触った時にツルッとしてなくてザラザラの生地を作ってくれ」

とお願いする。

そうしたら、

「ちょっと待っとれ」

「もっとザラザラや」

「これでどうだ」

こんなやりとり。もうミソクソです。複数の旧式力織機の中でうまく織れる機械にあたりました。おじいちゃんは段ボールに「特ザラ」って書いて、その力織機の上に置いていた。

「特ザラ」はクラボウが分析してやっと開発した糸がもとになっている。経糸を普通より弛《ゆる》ませて織るのが特徴です。普通のデニム生地は錘《おもり》をつけて糸をピンと張って織るけど、その錘をなくして織るから難儀なんです。織る時にふにゃふにゃにしてしまう。これのせいで力織機も壊れやすくなる。

けれどもおじいちゃんが「特ザラ、これ、これですわ」と3日ぐらいかかってやっと完成させてくれた。

やっぱりおじいちゃん、力織機の経験が長いからわかるんです。

おじいちゃんにしてみたら、大阪からなんやようわからん男たちがやってきて、どうのこうの言うて、ずっと一緒に機場に居座っている。それも「普通の生地を作ってくれ」いうのではなく「特ザラ」やと。

「変なヤツらやなあ。おもろいなあ」

と思ってくれたんでしょう。

元陸軍でした、そのおじいちゃん。

やっとできた自分のジーパン

生地ができてきて最初にジーパンに縫ってもらったのは、岡山・児島のキャピタルという縫製工場でした。最初の製造ロットは「ラリアート」という博多・大名にあったアメカジの店の別注１００本と、うちのドゥニームの１４４本。頑張ってもそれだけしかつくることができなかった。

できたジーパンの革パッチに自分らでロットナンバー、００１番とか００２番とか全部打ちに行きました。ヴィンテージの５０１愛好家だった長崎県・佐世保市のカーボー（七種和彦氏、セレクトショップ「ナチュラル・ハイ」オーナー）が、ロット番号１番から7番まで全部くれと。これはもう趣味の世界。まだ「レプリカジーンズ」という言葉が生まれる前のことです。

やっぱりあの頃も、九州のヤツは早くて、みな昔ながらの５０１が好きでした。イタリア物のペダルプッシャーのクローズドとか、ああいう新しいデザインのがよく売れていたけれど、早いヤツはスタンダードな５０１を穿いていた。

１９７０年代のヒッピーの象徴だったベルボトムとか、80年代初頭のカルバン・クラインが口火を切ったディナー・ジーンズとか、アメリカが中心だったジーンズのトレンドは、めまぐるしくシルエットを変遷させてきましたが、80年代後半になるとミラノやパリのデザイナーが新しく手がけるようになったヨーロッパへ移ったのです。

それがイタリアン・カジュアルの波に乗ったスーパーカジュアルで、フィオルッチやクローズドといったブランドがもてはやされます。ケミカルウォッシュ加工が登場したり、ブルーのデニム以外の生地を使ったカラージーンズが人気を集めたり、デザインのみならず生地も注目されました。

そういうヨーロッパのジーンズの流れの行き着くはては、やはりベーシックなデザインと色落ちの味わいのかつてのアメリカのジーパンなんですね。自分自身は元々５０１が大好きでしたから、それに近いジーパンを作り出したリベルトが好きで、すでにＵＦＯでも丸コピーしていた。

フランスからイタリア製になったリベルトやシェビニオンとかは、大阪のフランス直輸入ショップ「ヌヌシュ」が扱ってました。ジーパンに関しては大阪も早かったんですね。後ろの紙パッチにインディアンの顔を描いたリベルトは高くて、２万円以上していた。ストーンウォッシュされていて、色が薄くてそれがかわいかった。

神戸の高架下に「アノニーム」という、とっさん（下垣博氏）という神戸のファッションリーダーがやっているセレクトショップがあった。彼はリベルトのジーパンにはミミが付いてないからと、それに反発して60～70年代の５０１のようなミミ付きのアビアティックというブランドのジーンズを仕入れてました。これも高かった。

その頃、ヨーロッパはもう、リベルトもアビアティックもそうだったように、スーパーカジュアルのさなかに、みんな古き良き５０１を見ていたんですね。そんなジーパンの世界的なモードを、九州や関西のしゃれたヤツはわかっていた節があります。

それらのヨーロッパ製プレミアム・ジーンズを、作業着由来の古着のジーパンとしてではなく、あくまでさらっときれいに穿く。リベルトのパンツにジェイエムウエストンのローファーとかをさりげなく合わせる。

そういうのがフレンチ・アイビーの基本でした。

とにかく糸や生地から開発したドゥニームはたった１４４本から始まったのです。

第 4 章

ものづくりの現場が教えてくれた

1　レプリカ・ジーンズというバブル

アメリカ回帰という流れ

ドゥニームを立ち上げたのが１９８８年。

私は１９８０年代後半から、年に２回パリに出張していました。ある時、パリで髪結いをやっている友人が、

「林さん、ちょっとジーパン見てくれませんか？」

と私がいるバーに持ってきたことがありました。20本くらい。全部ビッグEです。

「すごいな。これお前何本くらいあんねん？」

私が聞くと、

「１００本くらいありますよ。まだポケットが一つの頃のジージャンもいっぱい持って

ます」というのです。当時はまだパリでは古いリーバイスが安かった。驚いた私は、「日本に帰る時に持って帰って、全部売り飛ばすとむっちゃ儲かるで。（当時の）ファーストクラスで5回ぐらい往復できるぐらいになるかもしれんよ」と友人に伝えたほどです。

これに目をつけたのが当時ビームスの重松理さん（現・ユナイテッドアローズ名誉会長）たちで、そこから値段が上がっていった。

日本では、ヴィンテージ・ジーンズ・ブームの走りの頃だったけど、パリでは古いリーバイスがいっぱい転がっていた。

クリニャンクール（パリの蚤の市）に行くと、ＸＸもビッグＥも、現行の５０１とあまり区別されずに一緒の値段で売ってました。

ヨーロッパも日本と同じで、ジーパンは「新品で穿くものじゃない」という感覚。だから先に触れたヨーロッパのリベルトといったブランドは、ストーンウォッシュ加工をしていた。

一方で、ローリング・ストーンズのミック・ジャガーはリーバイスの古いファーストモデルのジャケット（506XX）を着ていた。ジョン・レノンはラングラーだった。イギリスのモッズたちも細身の501の66モデルを穿いていた。みんな憧れはアメリカやったんです。

そういう流れがわかっていたから、ドゥニームでは穿き込んで色落ちさせることで味が出る「ムラ糸」から作った「特ザラ」の生地で本物のジーパンを作りたくなった。

できたのは、144本プラス別注分の100本の合計244本。けど「そんなもん売れるかいな」という反応ばかりでした（笑）。

大手アパレルの営業スタイルへの違和感

作ったはいいものの、営業するのはワールドの社員です。

ワールドの社章をスーツのラペルにつけて、ネクタイをきっちり締めて、ジーパン屋に「ワールドでございい」と売りに行く。そして、取引を始める時にはお店の人に「商業登記簿謄本を出してください」なんて言うわけです。

そのやり方に、神戸の高架下にある人気アメカジショップ、アナナスの社長はえらい怒ってた。

「お前、出せと言われたら出すけどさ、それやったらワールドもそれ持ってこい。売るほうも買うほうも商売やろ」

って。ジーパン屋でジーパン売る商売は、相手の会社が大きいか小さいかとか関係ない。営業マンは怒られて困り果てて会社に帰ってきて、

「こんなこと言われました。おかしいと思いませんか?」

とボヤく。

けれども、私は、

「これはお前がおかしいんや」

と言うてやりました。

当時のワールドの社員は、三宮界隈でブイブイいわせてたし、取引先にも「ワールドです」と言えばどこでも通じる時代やった。ラグビーも強かったし(笑)。

でも、ジーパン屋という小売店は、これまでのワールドにはまったく縁のない取引先

やった。そういうお店に買っていただかないといけないわけで、そのやり方はおかしいよ、ということを伝えたかったんです。

みんながブランド物に群がっている時代に、「ドゥニーム」なんて海の物とも山の物ともわからんようなブランドで、昔のジーパンを再現することを一所懸命やっているわけです。すべてやったことないことばかり。いろんなアイテムをさまざまなブランドやメーカーから仕入れて販売するセレクトショップという概念もまだまだ定着していなかったし、ジーパンつくるほうも苦労したけど、ジーパンを売るほうの苦労もすごかった。営業も頑張ってくれましたが、相当大変だったと思います。

とにかくほんまに売れへんかった。

さんざんな言われ方

「全然売れないな」

いつも文句言ってた多田さんには、朝礼の時にみんな並んでいる前で、

「こんなん土下座ブランドや！」

「お前、鶴でも恩返しするぞ！」

と言われたこともありました（笑）。多田さんは当時（１９９１年）オリゾンティ部門を分社化する形で会社を設立し、社長になっていた。

「わしがやるんやから、わしのＸＸ作れ」

「オレはスケベやから、ロットナンバー69」

とか言うたりもする人。実際に、その69番を作ったら、それをちゃんと穿いてくれました。


ファンキーだけど律儀というか、ええ人やった。「自分の会社」というのはやっぱりそれくらい思い入れが必要なんやろうなと思います。

「ＸＸの値段をどうしよう」というとき、オレは１万８０００円で、社長は２万３０００円を出した。「それでジャンケンしましょ」言うてオレが負けて、２万３０００円になった（笑）。

売れるまで5年以上

ドゥニームが売れだしたのが、ちょうど阪神・淡路大震災（１９９５年）の頃。５年以上かかりました。

なぜ売れなかったのかも、どうして5年以上経って売れ始めたのかもよくわかりません。ドゥニームを穿いてくれてた人たちのジーパンが、良い色落ちになってきたからなのか。とにかく、その頃からものすごく売れ始めたのは事実です。

その頃、東京の千駄ヶ谷にオリゾンティの事務所があって、そこにドゥニームのちっこい直営店があったんですが、開店早々お客さんが並んでた。隣には同じオリゾンティがやっていたヴィヴィアン・ウエストウッド（元々はパンクをモチーフにスタートしたイギリスの世界的ファッションブランド）のブティックがあったんですが、ドゥニームのほうに行列ができてた。

その直営店には店員が１人しかいなかったんです。その店員から、

「昼メシ食べる時はどうするんです?」

と聞かれたので、

「店閉めて食べに行ったらええねん」

と答えたら、

「ずっと行列で閉められませんわ」

と言う。そういう状況になってきた。

いよいよレプリカ・ジーンズのブームがやってきたんです。


ヒップポケットに描かれたカモメのペンキステッチが有名な、山根英彦氏による「エヴィスジーンズ」が１９９１年。エヴィスから独立した辻田幹晴氏の「フルカウント」が１９９３年。塩谷健一・康二兄弟の「ウエアハウス」が１９９５年。

大阪にレプリカ・ジーンズメーカーが揃って、１９９０年代後半には全国に広がった。東京の祥伝社という出版社の「Ｂｏｏｎ」のように、ジーパンを微に入り細をうがち取り上げるカタログ形式のファッション誌も大ヒットしていた。

ヴィンテージ・ジーンズ独特のデニムの縦方向への微妙な色落ち「タテ落ち」や、太もも上部のシワ部分の色落ち「ヒゲ」、脇縫いの縫い代にあるミミによる「アタリ」、裾を縫う際のチェーンステッチが縮むことで起きる凹凸の「パッカリング」など、穿き込むことによって生まれるエイジングがカッコいいと認識されるようになった。

先の「Ｂｏｏｎ」は、そういう色落ちや各ブランドごとのディテールを徹底的に解説し、当時の中高生（今の40代）にとって「バイブル」になっていた。１９９６年には65万部に達したというから、シーン全体が異常な盛り上がりを見せていたんです。

ドゥニームでは、

「足らん、生地が足らん」

「どうしましょか」

「縫いも足らんわ」

というまさに嬉しい悲鳴。作ってるものも、やってることも一緒なのに、数字がゼロ二つくらい違ってきた。

２万３０００円という高価なドゥニームのＸＸモデルを毎月１０００本、１万２８００円の66モデルを３０００本くらい生産していました。この66モデルについては、後述します。

ドゥニームの親会社であるワールドの本社は、前述の通り神戸にありました。震災で街が瓦礫《がれき》の山になり、交通も寸断され、私の友人も亡くなった。

それでも震災翌月の1995年2月には、新モデルの展示会を開かなくてはならなかった。大変な状況やったんですが、それでもドゥニームのジーパンは売れに売れて、在庫がなくなっていた。

洗濯機を置いた直営店

ジーパンというと街のジーパン屋に卸すことが普通でしたが、ドゥニームは直営店も持っていた。先に触れた千駄ヶ谷のお店は、3坪か4坪くらいでしたが、店の中には洗濯機と乾燥機を置いていた。

今のリゾルトにも通じることですが、私はシュリンク・トゥ・フィット、洗って縮むジーパンを自分の脚に合わせた丈で穿いてほしかったんです。

リジッドのジーパンを買ってもらって、直営店の洗濯機で洗う。そして乾燥させる。

「2時間くらいしたら乾いてますから、もう1回お店に来てください。しっかり縮んだジーパンで裾上げしましょう」

とお客さんに伝えてました。

洗濯機と乾燥機にもこだわってました。

「日本製はアカン。舶来のドイツ製のカッコいいもの入れろ」

とお願いしました。ジーパンが売れだしたタイミングで、洗濯機と乾燥機のある直営店があったのでとにかく人気でした。その後、東京では代官山にも直営店をオープンしました。

大阪では、アパレル「マンボラマ」や「カフェコロンビア」をやっていた小澤健さんに、

「直営店を任せるから販売代行してくれ」

とお願いしました。

各地に出店することになったドゥニームの直営店は、空間設計者の間宮吉彦さんがデ

ザインしてくれました。「あべのハルカス近鉄本店」「中之島ダイビル」など、大規模な商業施設の空間デザインで有名な間宮さんは、「ミュゼ大阪」「ＱＯＯ」など、新しいカフェやディスコを続々と設計して絶好調の時代。間宮さんと組んで大阪・南堀江の栗建ビルの一階にオープンしました。九州・博多の大名店も間宮さんにお願いしましたね。

普通は「直営店」といったら、同じようなお店にするんでしょうが、全部違う顔の店にした。「大理石敷いて」とかとんでもないことをいつも言うてました。

とにかく、ジーパン屋にないような店を作りたかった。

とくに、１９９９年に出店した京都店はおもろかった。

コンセプトは「ジーパンがない店」。

昔、ロサンゼルスで見たサーフショップの影響です。そのサーフショップは、入り口だけがあって、店内にはサーフボードが置いてないんです。あるのはカウンターだけ。

「長さはこのくらいで、これぐらいのサイズの波に乗りたい」
と言うと、奥からサーフボードが出てくる。

あとは、パリのシャンゼリゼ通りにあったかつてのジェイエムウエストン。ここも靴は並んでいなかった。

そういう店にしたいというところから、話は始まった。

ディスプレイなしの京都店

ドゥニームはもう圧倒的に売れていた時期で、年間23億円ほどの売り上げがあった。

そのタイミングで社長から「京都に店を出そう」と話があった。

町家が並ぶ中京区富小路通蛸薬師下ルの奥まったところで、京都店でしか買えない「京都エディション」だけを売ろうということになった。

「だったら、商品をディスプレイしなくていい」と言ったのは間宮さんのアイデアでした。

現在のリゾルトのように、ウエストとレングスを各インチで揃える。合計80サイズ近くになった。

お店に入るとあるのは、カウンターだけ。そこで自分のウエストとレングスを相談する。奥のバックヤードには、「30-32」「31-32」というようにウエストとレングスのサイズのステンシルを打った棚に、各サイズの「京都エディション」を置いてあり、お客さんにはそこから洗ったものを出す。そしてそれを試着してもらう。

　なぜこういうお店を作りたかったのか。

　セレクトショップとはまったく逆の発想の、京都ならではの「イケズな店」を作ろうと思ったんです。ジーパンは年齢も性別も関係なく穿ける。それにセレクトするジーパンも１本だけだから成立するだろうと。

　外国人の方たちのことも意識しました。東京にみんな行くけれど、欧米人が一番好きなのは京都やろ、と。そこで印象に残るお店にしようという発想でした。

　そこで売っていた「京都エディション」は、リゾルトにもつながるモデルです。

　作るにあたって、リーバイスの１９６０年代の５０１を改めて調べてみたら、甘く撚った糸を使っていた。緯糸はあまり撚っていない。

　だったらそういう糸でやってみようと、リーバイスの糸を泉州（大阪府）の大正紡績に持っていって、すべてゼロから作った。アメリカで表彰されているようなメーカーのオーガニックコットンを引っ張ってきて、生地を織りました。

ジーパン・バブルで、「何でもいっとけ」という時代でした。

デニムの色は少し浅め。「90番色」という番号で、本来のリーバイスは生成りの糸を染めるのですが、真っ白な糸にした。そうすることで、サックスブルーのきれいな薄い色落ちになる。

お店の建築やディスプレイだけではなく、ジーパンの作り方としても実験の場でした。書いていて懐かしくなってきます。

ただ、あまりに実験的だったからか、なかなか売れんかった。

半年経たないうちに、会社から「京都エディション」だけではなく、他の商品も入れろ」という話になった。「京都エディション」は大阪でも東京でも売らなかったから、わざわざ京都まで買いに来てくれるお客さんもいたので、ちょっと残念でした。

2　そしてリゾルトへ

ドゥニームの主力66モデル

先ほど、ＸＸを毎月１０００本、66モデルを３０００本生産していたとお話ししました。

すでに何度か触れましたが66モデルとは、リーバイスの５０１から「ＸＸ」という表記が外れて、１９８０年代にミミがなくなるまでのモデルです。労働者やカウボーイの作業着から、ファッションアイテムになった時代を代表するジーパンです。

当初、ドゥニームでは、66モデルの前の「ＸＸ」のレプリカだけを作っていました。ただ、２万３０００円と少し高価格帯。

もちろん、ＸＸモデルもレプリカ・ジーンズブームに乗って売れに売れましたが、もっと普通の人が普通にカッコよく穿くことができるジーパンを作りたくなった。だったら私も好きだった66モデルだろうと。それが１９９５年頃のことです。価格は１万２８００円のこの66モデルが、最終的にはドゥニームの生産本数の７割を占めるまでになります。

レプリカ・ジーンズブームが「ＸＸ」中心に進んでいったことは先に触れました。ドゥニームの評判も、

「林さん、これホントにＸＸやで」

というように、「ＸＸ」モデルを評価してくれる。

ただ、正直私は、

「オレは普段リーバイスの66モデルを穿いてるけどな。まあ、みんなＸＸと言うんやったらＸＸを作るか」

くらいの感覚だった。

だから、この66モデルは自分が本当に好きなジーパンを、満を持して作るということだったんです。

66モデルは、どこで縫うのかも問題でした。とにかく生産数が増えていた時期で、ドゥニームのXXを縫ってもらっていた岡山県倉敷市児島のキャピタルでやろうとしましたがパンパンの状態。広島県福山市の宇田被服にお願いしようということになった。宇田さんはその頃、コム・デ・ギャルソンといったモード系のジーンズもやっていた。ただ、それでも生産が間に合わないことがわかり、ずっとリーバイスの指定工場だった新見ソーイングセンターさんに発注することになりました。

パタンナーとみんなで岡山県新見市にある工場へ行き、「こうしてほしい」「こう縫ってほしい」という話し合いが6カ月ほど続いた。そしてようやく理想の66モデルができたのです。

第1章で触れたように、現在のリゾルトもこの新見ソーイングセンターさんが縫ってくれてますが、この66モデルがリゾルトの原型といってもいい。

店舗もアイテムもどんどん増える

洗濯機と乾燥機を置いた千駄ヶ谷の直営店が手狭になって、移転しました。広くなったので乾燥機は4台置きました。直営店は増えて、博多、高知、広島、大阪2店舗、京都、名古屋、東京2店舗、新潟の合計10店舗。

アパレルとしては直営店を持つことは、現金の売り上げが毎日入ってくるということ。つまり「太かった」わけです。

だから会議をすると、

「ジーパン以外のものも作ってくれ」

という話になる。Ｌｅｅのウエスターナータイプのホワイトジーンズとか、Ｔシャツ、トレーナー、六つボタンのボタンダウンシャツ、はたまたステッカーやピンバッジ、ジッポーとかバンダナ。ポテトチップス用のクリップを作ったこともあった。

ジーパンも、10周年記念モデルとして真空パック入りの１９３７年モデル（当時3万

８０００円）、１９５１年モデル（当時３万３０００円）も出しました。

　おもしろかったのはアロハシャツ。

「こういう柄にしたい」

と栃木県足利市のプリント屋に行って、職人さんに昔ながらの手描きで描いてもらう。今ほとんどの生地はコンピュータで描くんですが、手描きの場合は線がまっすぐではなく歪んだりする。それがアロハシャツ本来の味だと思うんです。昔のマールボロのパッケージに温かさがあるのは、絵描きさんが「手で描いてる」から。

　絵を描いてもらったら、版の制作です。違う色の版を重ねて柄を表現するんですが、わざとずらしてもらったり、手作業の良さを活かして作るのが楽しかった。職人さんと話すのも勉強になりますし、むっちゃおもしろかったですね。

　で、蕎麦食べて帰る。浅草から東武に乗って一泊二日。

ジーパンづくりは農業に似ている

売れに売れていても、数字のことはよくわかっていませんでした。

「数字のことなんて、そんなん頭に入るわけないやん。数字ができへんからこの仕事してんねん」

という話です。商学科卒業ですが、数字ができたらこれと違う仕事をしている（笑）。それに当時は考える暇もなかった。さっきのアロハやないけど、とにかくいろんなものを作っていて、いろんな工場や職人さんのところへ行ってたから。会社にいるよりも工場にいるほうが多かった。

数字は「数字を見る人」が見たらええんちゃうの、と思ってます。自分は作るほう。自分はひたすら納得のいく同じジーパンを作っていただけで、結果として売り上げのゼロが二つ増えただけやと思っています。

売れる時はドーンと売れるもの。

最盛期は、シンヤさんの力織機を17～18台使わしてもらってデニムの生地を織ってました。縫製も二つの工場で、１カ月５０００本のレベルで作っていたから、今から思うとものすごい数。

もちろん、シンヤさんの工場にもしょっちゅう行って、「特ザラになってますか」と確認する。

「この機械、ちょっと甘いですよ。次までにもっとザラッとした生地が織れるように調整してください」

といったことを細かく相談させてもらう。

「特ザラ」は１日50メートルしか織れない。それに通常のデニム生地が61インチ幅なのに比べて、29インチの狭幅なので、１台あたりジーパン30本しかできない。機械の調子によっても微妙に変わってくるから、力織機の指定までさせてもらうこともありました。

ぶどう畑でワインを作っているようなもので、農業に似ているところもあるほど微妙な世界。

でも、そういう世界だからこそ味のある生地になる。

多田さんの思い出

「月５０００本」でしたから、さすがに「クソのクソの土下座ブランドや！」と言っていた社長の多田さんも、

「鶴でも恩返しするんやなあ（笑）」

と褒めてくれました。ドゥニームはすでにオリゾンティの「顔」になっていた。オリゾンティもヴィヴィアン・ウエストウッドやマルタン・マルジェラといったモードブランドから、Ｆ１のウィリアムズのスポンサーになっていたアイスバーグもやっていた時期。

　私は多田さんに、

「なんでクビにせえへんかったんですか。３年も経って売れんかったら、普通クビでしょ」

と聞いたことがあります。ドゥニームは、大手企業の論理からすると、すぐに撤退さ

せられてもおかしくなかった。

多田さんは、

「でも、お前ら真面目に朝来て、全員の机、掃除しとったやろ。机拭いとったやろ」

と言ってました。そういう姿を見ていて、

「いつか売れるやろ」

と思っていたと。売れんからといって腐るでもなく、会社に来て、ちゃんとしていたから、と言ってくれた。

はじめから売れてたら天狗になってたかもしれません。天狗になったらおしまいですよね。

情に厚いというか、やっぱり多田さんはええ人でした。

顔を合わせるフィードバック

今、私がやっているリゾルトも、2012年頃に同じように色落ちを評価されて、一時は生地が足りなくなった。

そんな時はやっぱり私は工場へ向かう。

多い時は１週間に１度、大阪から岡山まで車を飛ばして、

「どうか頼んますわ。このサイズが切れてるんでどうにかしてください」

と頭を下げる。

なにか問題があった時もすぐに飛んでいきます。

こないだの金曜日も、織りをお願いしているシンヤさんから、

「糸に糊がききすぎていて織られへん」

という連絡があった。即座に糸をお願いしているカイハラさんへ、元々の生地と、今回の糊のききすぎた生地を持っていきました。

二つの生地を見比べてもらいながら、この中間くらいで、という相談をした。

やっぱり顔を合わせて仕事を進めないとダメなんです。

この関係性は、ドゥニームの頃から変わらない。

要はいかに丁寧に「フィードバック」をするか、ということ。

とくにジーパンは、実際に手で触った時、脚を入れた時といった体の「感覚」が大事。第1章で、ジーパンが「体に馴染む」ことについて詳しく説明しましたが、すごく感覚的なファッションアイテムなんです。

極論すると数字も感覚に近い。

「今やったら売れる？　いっとかんかい」

という感じ。大阪の人って、そんなもんちゃうのん。

だから東京の人はあんまりジーパンの世界にいない。数字から叩くからかもしれません。感覚的で、「ええ加減」で、「ええんちゃうん」と言って仕事を進めていくのが関西人です。

糸からみんな化学組成を調べたとか、すべてデータを数字にしてみたとかいっても、そんなものでいいジーパンはできない。

「これ濃いな。前のやつより青いな」

「どっちにすんねん？」

「この中間でいってくれ」

というような感覚がすべてやと思います。

エヴィスジーンズの山根は数字も見られるけど、アバウト。フルカウントの辻田もアバウト。みんな感覚を大事にしているし、結構アバウトちゃうんかと思うんです、ジーパン作ってる大阪人は。

プロたちの「教え」

ドゥニームの頃から変わらないことがあります。

理想とする古いリーバイスと比べながら、「ここはこうしたい」「あそこはこうで」と、結局はすべて言葉にしてチェックしなくてはならない。そうやって毎日工夫して頑張れば、

「こんなんできた、今日は。すごいな！」

「今までこんなジーパンできたことない」

と本当に思える時があるんです。当然、「ここは違うな」というところも浮き彫りに

なってくる。

いっぺんに100点は取れません。

「技術的には最後までいっててんねんけど、もうちょっとだけ味が出せませんか」

工場で相談しながら、ちょっとずつ完璧に近づけていく。

基本的にメイド・イン・ジャパンのものづくりは、人の顔を見ながら、そこに言葉がついてくるものだと思います。

なぜジーパンを日本で作るのか。

そこには、そういう進歩があるからです。

ドゥニーム時代、XXの縫製をお願いしていたキャピタルさんの平田社長に、

「生地をもっとこうしたい」

と相談したことがあります。その時の平田社長の言葉が忘れられない。

「売れてる定番というのは変えたらあかんねん。生地のクオリティは変えたらあかん。前に買ったお客さんが『これ変わりました?』というようなことはしたらあかん」

なるほど、と思いました。

だから、定番のものは絶対に変えない。

今のリゾルトもそうです。

本当の定番、スタンダードを作るとはこういうことなんです。

平田社長に教えてもらったことは真理だったと思います。かつてドゥニームではいろんな商品を変えたり増やしたりしたこともあったけど、そうなると横に広がるばかりで、すったもんだでポテチンなんです。

いろいろなものづくりのプロたちと仕事をしてきて、「人の教え」というものはものすごく大きい。

だから、リゾルトは「４型だけ」というところに行き着いた。

自分はこれからも、本当の定番になる日本のジーパンを作っていきます。

構成／江 弘毅
協力／田中和也（リゾルト）
図表作成／デザインプレイス・デマンド
撮影／相澤琢磨（光文社写真室）
24、25、40、41、80ページ

林芳亨（はやしよしゆき）

1956年生まれ。ジーンズ・デザイナー。青年期に抱いたリーバイスへの憧れから、大学卒業後、ジーンズ業界に入る。独学でジーンズ作りを学び、’88年、ジーンズブランド「ドゥニーム」設立にあたり、デザイナーとして参加し、ジーンズにかける愛情と深いこだわりで、日本における空前のレプリカジーンズ・ブームを牽引する存在となる。ドゥニーム退社後、2010年5月に「リゾルト」をスタートさせる。「自分のジーパンは洋服ではなく、いわば道具。何年経っても同じ物が手に入る、理想のスタンダードを創りたい」がモットー。大阪在住。

日《に》本《ほん》のジーパン

2021年9月30日初版1刷発行

著　者 —— 林芳亨
発行者 —— 田邉浩司
装　幀 —— アラン・チャン
印刷所 —— 堀内印刷
製本所 —— ナショナル製本
発行所 —— 株式会社光文社
東京都文京区音羽1-16-6（〒112-8011）
https://www.kobunsha.com/
電　話 —— 編集部03（5395）8289 書籍販売部03（5395）8116
業務部03（5395）8125
メール —— sinsyo@kobunsha.com

 ISBN 978-4-334-04563-0

光文社新書

1154

新聞記者、本屋になる

落合博

新聞記者であった著者はいかにしてひとり本屋を始めることができたのか。定年目前の58歳、子どもは3歳、書店員経験は0。第二の人生、妻の反対を押し切っての本屋開業記！

978-4-334-04561-6

1155

ルポ コロナ禍で追いつめられる女性たち

深まる孤立と貧困

飯島裕子

臨時休校、おうち時間、休業補償、テレワーク……。コロナ禍で生じた出来事の多くでより深刻な状況に陥ったのは女性だった。その背景にあるものを、当事者への取材から探る。

978-4-334-04562-3

1156

日本のジーパン

林芳亨

米国で生まれたジーンズがいかに日本で独自の発展を遂げたのか？　ジーンズ界の重鎮である著者がジーンズの歴史や、日本における受容のプロセス等「ジーパン愛」を語り尽くす。

978-4-334-04563-0

1157

脳の寿命を延ばす「脳エネルギー」革命

ブドウ糖神話の崩壊とケトン体の奇跡

佐藤拓己

巨大で大食漢な働き者「脳細胞」を長持ちさせる助っ人とは⁉ ヒトの脳の発達を可能にしたエネルギーとしてケトン体に注目。認知症・うつを防ぎ健康にも役立つ栄養摂取法を考察する。

978-4-334-04564-7

1158

田舎暮らし~~読~~毒本

樋口明雄

田舎暮らしにスローライフは存在しない！　東京から自然豊かな地方に移住して20年の小説家が満を持して贈る、田舎暮らしのノウハウと闇。本書を読まずして移住するべからず！

978-4-334-04565-4